Über dieses Buch

›Die Welt auf einen Blick‹ enthält 80 farbige Weltkarten, jeweils auf einer Textseite daneben erläutert – Grundinformationen über die natürlichen, wirtschaftlichen und sozialen Bedingungen, unter denen wir leben.
Wie sinnvoll dieser »Blick« auf die Welt als Ganzes ist, wie eng die Bindungen geworden sind, ist wohl jedem klar. Die Erdölkrise hat unsere Abhängigkeit deutlich gezeigt. Aber auch auf weniger spektakulären Gebieten, von brasilianischen Kaffeebohnen über Kautschuk aus Indonesien und Baumwolle aus Pakistan bis zu japanischen Autos, wird unser Leben von Produkten aus allen Teilen der Welt mitbestimmt.
Diese wirtschaftlichen Verflechtungen, ihre naturbedingten Voraussetzungen im Rahmen der gesellschaftlichen und politischen Verhältnisse will dieser Band übersichtlich darstellen.

Bisher sind in dieser Reihe erschienen:
DIERCKE-Taschenatlas der Welt (3400)
DIERCKE-Weltstatistik (3401)
DIERCKE-Weltwirtschaftsatlas 1 (3411)
DIERCKE – Die Rekorde der Erde (3414)
DIERCKE – Die Welt auf einen Blick (3415)
DIERCKE-Satellitenbild-Atlas Deutschland (3416)

Ambros Brucker, Karl Engelhard, Hartwig Haubrich, Wolfram Hausmann,
Günter Kirchberg und Dieter Richter

DIERCKE – Die Welt auf einen Blick
Karten und Texte

80 kommentierte Weltkarten

Deutscher
Taschenbuch
Verlag

Westermann

Oktober 1981
Gemeinschaftsausgabe

Verlagslektor: Klaus Höller
Hersteller: E. Zische
Umschlaggestalter: G. Gücker
Gesamtherstellung: westermann druck, Braunschweig
Printed in Germany
ISBN 3 - 423 - 03415 - 7 (dtv)
ISBN 3 - 14 - 10 6055 - X (westermann)

Inhalt

Maßstab 1 : 120 000 000
Winkels Entwurf

Größe der Weltmeere
(in Prozent der Wasseroberfläche)

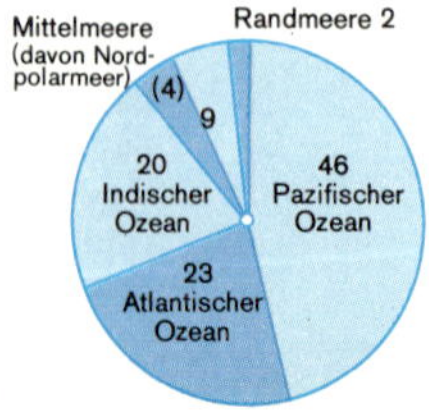

Verteilung Land - Wasser

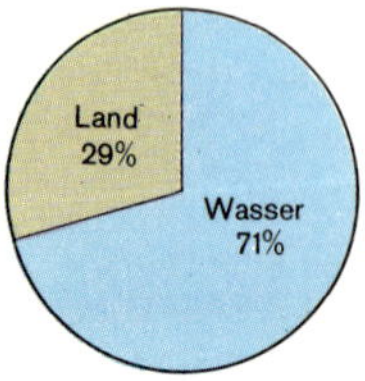

Erde – Physische Übersicht

Landhöhen	Senken	0-200	200-500	500-1000	1000-1500	üb. 1500 m

Inlandeis

8848 Höhen in Meter

Meerestiefen	0-200 m	200-2000	2000-4000	4000-6000	6000-8000	üb. 8000 m

11022 Tiefen in Meter

Die Kontinente

Großartige Gebirgsmassive, ausgedehnte Bergländer und geräumige Tiefländer prägen das Antlitz unserer Erde. Besonders in Europa führt dieser Dreiklang zu vielgestaltigen Landschaften. Nur Osteuropa nimmt ein weiträumiges Tiefland ein. Sein nach Westen schmaler werdender Ausläufer reicht über rund 4000 km bis zur Küste des Atlantischen Ozeans.

Asien ist auch infolge seiner Größe recht vielgestaltig. Die gewaltigen Hochgebirge im Innern des Kontinents gehören zu einem großen Gebirgsgürtel, der von den Pyrenäen über die Alpen und die Gebirge Südosteuropas und Vorderasiens, über den Himalaya und Hinterindien bis zum Malaiischen Archipel reicht. Desgleichen treten in Zentralasien Hochgebirge auf. Zwischen den Gebirgen liegen Hochländer wie Tibet. Der Gebirgsraum wird von Berg- und Tiefländern umgeben.

Afrika erscheint dagegen als geschlossene Landmasse von gedrungener Gestalt. Hier bestimmen ausgedehnte Hochländer und weite Becken das Landschaftsbild. An den Rändern bricht der Kontinent oft in steilen Stufen zur Küste ab. Nur an wenigen Stellen ragen inselartig Gebirgsmassive auf. Weiterhin sind in Ostafrika die über tausende von Kilometern von Norden nach Süden verlaufenden Grabensysteme bemerkenswert. Auf den Grabenrändern sitzen Vulkanberge.

Der Doppelkontinent Amerika weist in Nord- und Südamerika große Ähnlichkeit auf. Im Westen streichen Hochgebirge vom Nordende in Alaska bis zur Südspitze auf Feuerland. Der Ostteil beider Kontinente wird von Bergländern beherrscht, die Appalachen in Nordamerika und in Südamerika die Bergländer von Guayana und Brasilien. Dagegen nehmen weite Tiefländer mit großen Stromsystemen die Mitte der Kontinente ein. Im einzelnen sind es der Kanadische Schild mit der Hudsonbay, das Mississippitiefland sowie die Tiefländer des Orinoco, Amazonas und Paraná.

Australien ist nach seiner Oberflächengestalt ebenfalls dreigeteilt. Parallel zur Ostküste verläuft das Australische Gebirgsland. Der Westteil wird von einem weitflächigen Tafelland eingenommen. Dazwischen liegt das Zentralaustralische Tiefland, das im Süden von Murray und Darling durchflossen wird.

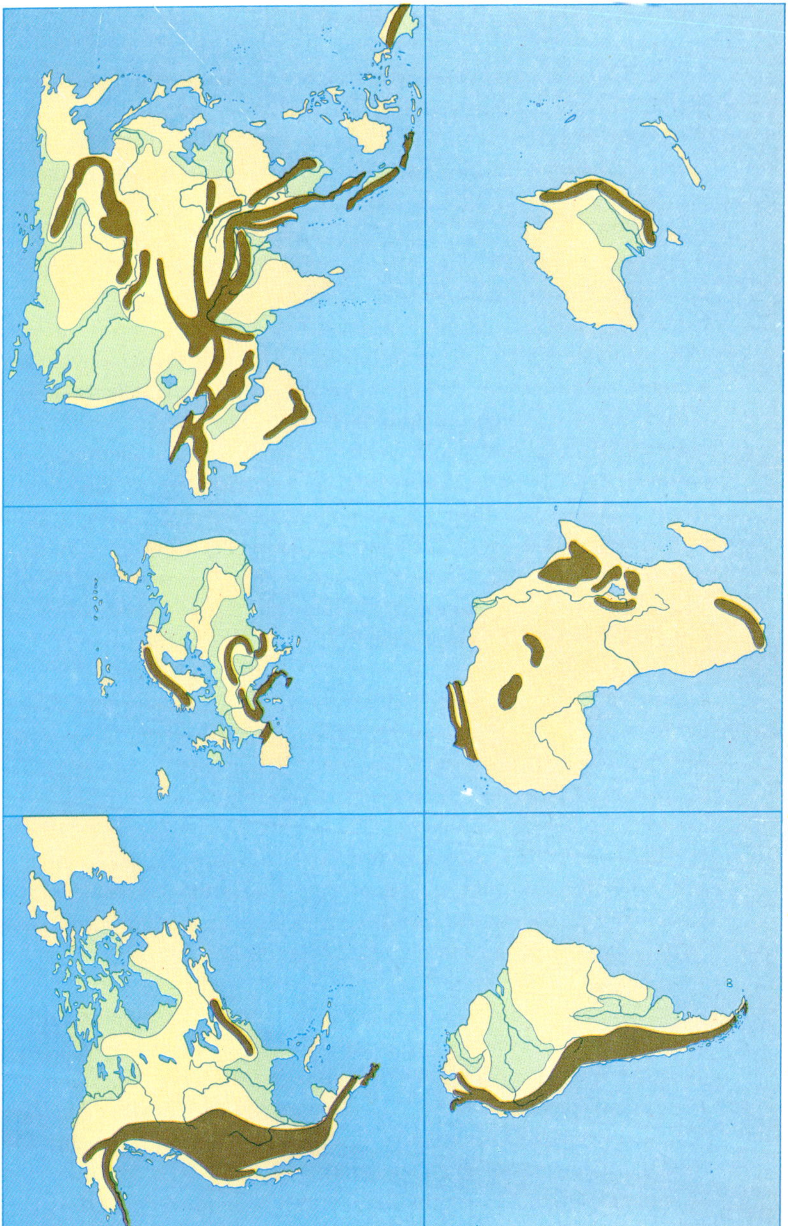

Die Gliederung der Erdoberfläche

Von den 510 Mill. km^2 der Erdoberfläche entfallen 149 Mill. oder rund ein Drittel auf das Festland und 361 Mill. oder zwei Drittel auf das Weltmeer. Die größeren aus dem Meer auftauchenden Erhebungen der Erdoberfläche bilden die Festländer oder Kontinente, die kleineren werden Inseln genannt.

Europa wird wegen seiner überragenden Bedeutung für die Menschheits- und Kulturgeschichte von alters her als selbständiger Erdteil betrachtet, obgleich es im Gegensatz zu den übrigen inselartigen Erdteilen eine Halbinsel Asiens darstellt. Deshalb werden die beiden Erdteile auch unter der Bezeichnung Eurasien zusammengefaßt. Mit Afrika bildet Eurasien die Alte Welt oder die Ostfeste. Als Grenze zwischen Europa und Asien gelten Uralgebirge, der Uralfluß, das Nordufer des Kaspischen Meeres und der Kaukasus. Der Name Europa wurde von den Griechen aus dem Phönizischen übernommen, dort bedeutet das Wort soviel wie Land im Dunkeln geformt. Davon leitet sich die Bezeichnung Abendland her. Europa ist mit einer West-Ost-Ausdehnung von etwa 4600 km und einer Nord-Süd-Ausdehnung von etwa 4000 km der zweitkleinste Erdteil.

Asien nimmt als größter Kontinent etwa ein Drittel der Landfläche der Erde ein. Es reicht über 10 000 km von Westen nach Osten und über 8000 km von Norden nach Süden. Der Name leitet sich von einem phönizischen Wort für Sonnenaufgang oder Osten ab.

Afrika nimmt den zweiten Platz in der Größenabfolge der Kontinente ein. Die Römer haben einst dem Land um Karthago nach dem dort lebenden Volk der Afri den Namen Africa gegeben. Später wurde diese Bezeichnung auf den ganzen Erdteil übertragen.

Der Doppelkontinent Amerika besteht aus dem drittgrößten Erdteil Nordamerika und dem viertgrößten Erdteil Südamerika. Amerika bildet die Westfeste. Um 1507 wurde von den Deutschen Ringmann und Waldseemüller für die Neue Welt nach dem Vornamen des Amerigo Vespucci der Name Amerika vorgeschlagen. Vespucci hatte um 1500 die Atlantikküste Südamerikas erkundet. Australien (lat. terra australis = Südland) ist als kleinster Kontinent fast so groß wie die USA. Die Antarktis liegt als fünftgrößte Festlandmasse um den Südpol.

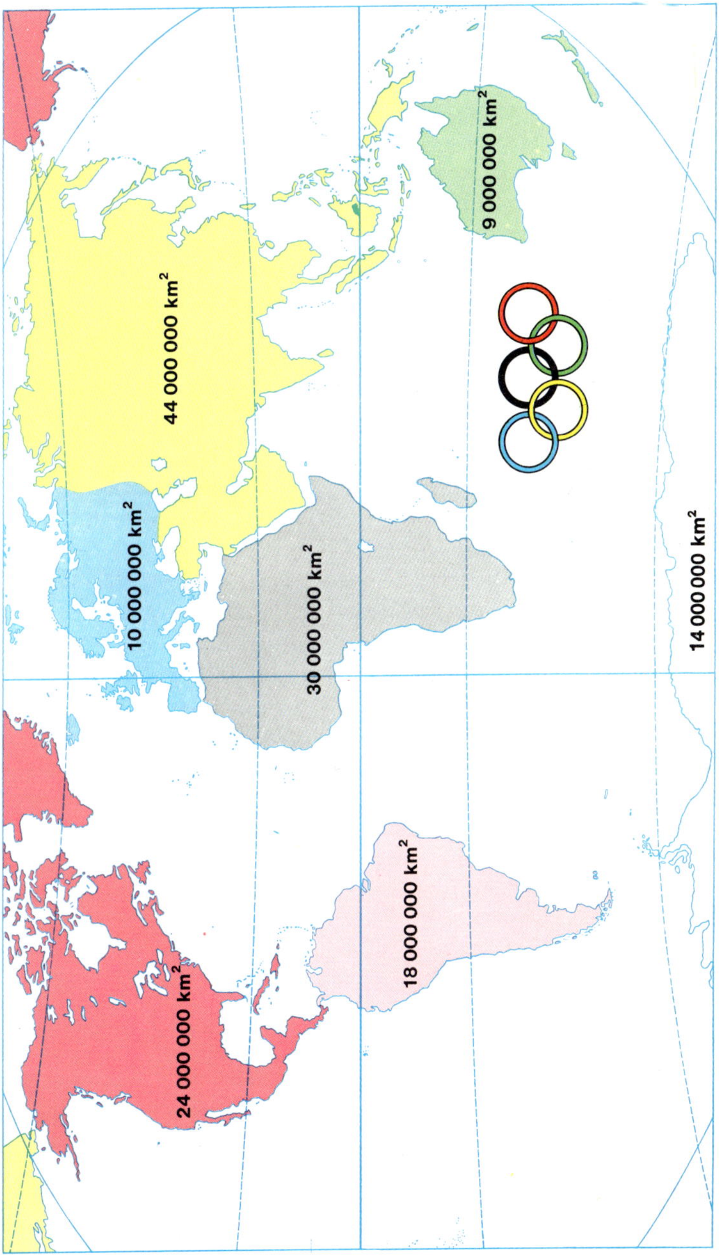
44 000 000 km²
9 000 000 km²
10 000 000 km²
30 000 000 km²
14 000 000 km²
18 000 000 km²
24 000 000 km²

Das Weltmeer

Die Verteilung von Land und Wasser ist auf der Erde sehr verschieden. Zwei Drittel des Landes liegen auf der Nordhalbkugel, auf der aber immer noch das Meer mit 60 % der Fläche überwiegt. Rund um das Nordpolarmeer liegen die großen Landmassen von Nordamerika und Eurasien. Zum Äquator hin verjüngen sich die Kontinente. Noch weiter südwärts spalten sich die Landflächen auf und geben Raum für das Meer. Demzufolge sind von der Südhalbkugel sogar 81 % mit Wasser bedeckt.

Man kann sich die Erde auch derart in zwei Halbkugeln geteilt denken, daß auf die eine möglichst viel Land, auf die andere eine möglichst große Wasserfläche zu liegen kommt. Dann überwiegt auf der Landhalbkugel, deren Pol an die Mündung der Loire fällt, das Wasser mit immer noch 51 %, während auf der Wasserhalbkugel, deren Pol bei den Antipoden-Inseln liegt, das Land nur noch 9 % einnimmt.

Wir gliedern das Weltmeer in drei Ozeane. Nach ihrer Fläche, die sich ungefähr wie 5 : 3 : 2 verhält, sind es der Pazifische, der Atlantische und der Indische Ozean. Alle Buchten und die durch Inseln und Halbinseln abgetrennten Nebenmeere werden hinzugerechnet. Bei den Nebenmeeren unterscheiden wir die Mittelmeere (z. B. Europäisches Mittelmeer, Amerikanisches Mittelmeer), die zwischen zwei Kontinenten, und die Randmeere (z. B. Nordsee, Japanisches Meer), die am Rande eines Kontinentes liegen. Außerdem sind z. B. die Ostsee und das Schwarze Meer als Binnenmeere in einen Kontinent eingelagert. Das Südliche Eismeer wird auf die drei Ozeane aufgeteilt. Dagegen gilt das Nordpolarmeer als Arktisches Mittelmeer als ein Teil des Atlantik.

In Nord- und Südeuropa, an der Ostseite von Asien, in Inselindien und an der Nordseite von Nordamerika ist das Meer besonders reich an Inseln und Halbinseln.

Der höchste Punkt der Erde ist der Gipfel des Mount Everest (8848 m) im Himalaya, die größte bisher bekanntgewordene Meerestiefe (11 022 m) das im Marianengraben gelotete Vitiaz-Tief. Somit beträgt der größte Höhenunterschied auf der Erde 19 870 m. Die größten Höhenunterschiede finden wir jedoch an der Westküste Südamerikas, an der Küste Javas zum Indik und östlich von Westindien.

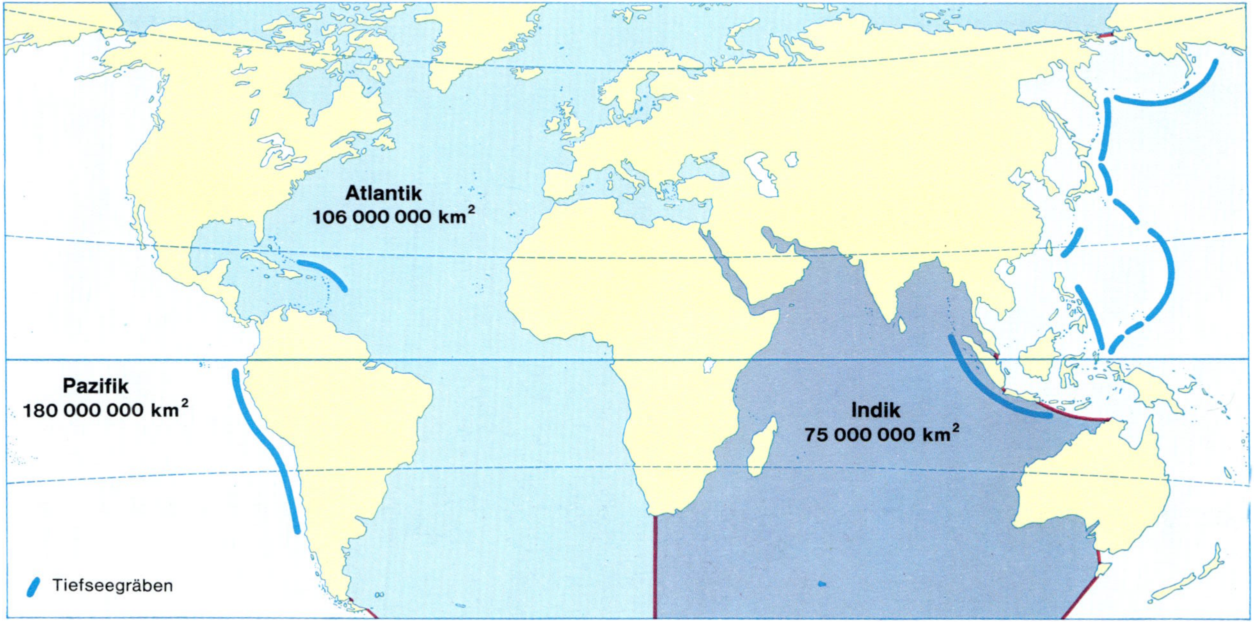

Die drei Ozeane und die bedeutendsten Tiefseegräben

Großformen

Drei unterschiedliche Ausprägungen der Erdkruste bestimmen im wesentlichen die Großformen auf der Erde: die Urkontinente, die Gebirge und die Ozeanböden mit den Mittelozeanischen Rücken.

Die Urkontinente bestehen in ihrem Unterbau aus sehr alten Gesteinen. Es sind Reste der in der Frühzeit der Erde durch Abkühlung entstandenen Erdkruste. An diese Festlandkerne schließen sich girlandenförmig Faltengebirge an. Sie sind in drei Faltungsepochen, der kaledonischen, variskischen und alpiden Faltung seit dem Erdaltertum vor rund 450 Mill. Jahren entstanden. Mit jeder Faltung wurden den Urkontinenten neue Festlandstreifen hinzugefügt. So wuchsen im Laufe der Geschichte unserer Erde die Kontinente zu ihrer heutigen Größe und Gestalt heran. Die jüngste Faltung läßt Europa dabei allmählich mit Nordafrika verwachsen.

Mächtige Gebirgszüge bestehen auch im mittleren Teil der Ozeane in Gestalt der Mittelozeanischen Rücken. Sie bilden ein weltweites Kettengebirge von 75 000 km Länge mit einer durchschnittlichen Breite von 1400 km. In den mittleren Teilen der ozeanischen Rücken entwickeln sich langgestreckte Grabenbrüche (Rift-Valley). Hier öffnet sich der Ozeanboden. Bei diesem »sea-floor spreading« wird ständig neuer Ozeanboden gebildet, so daß sich die Ozeane mit einer mittleren Geschwindigkeit von 1 bis 5 cm im Jahr verbreitern.

Mit der Ausdehung der Ozeane verändern auch die Kontinente ihre Lage. Deshalb sind die Kontinente keine Festländer. Noch vor rund 600 Mill. Jahren war die Verteilung von Land und Wasser ganz anders als heute. Wahrscheinlich gab es an den Polkappen der Erde zwei Urkontinente. Der Urozean bestand aus dem Pazifik und einem Meeresstreifen beiderseits des Äquators. Danach erst entstanden durch Aufspalten der Nord- und Süderdteile die Kerne der Kontinente.

Heute wissen wir, daß die Erdkruste aus verschiedenen starren Platten besteht. Die Platten können auseinander driften, aneinander vorbeigleiten oder sich aufeinander zubewegen. Dabei kann es an den Rändern zu Dehnungen (Grabenbrüche) oder zu Einengung und Faltung von Gesteinen kommen. Damit werden Vorgänge der Gebirgsbildung, des Vulkanismus und der Erdbeben erklärt.

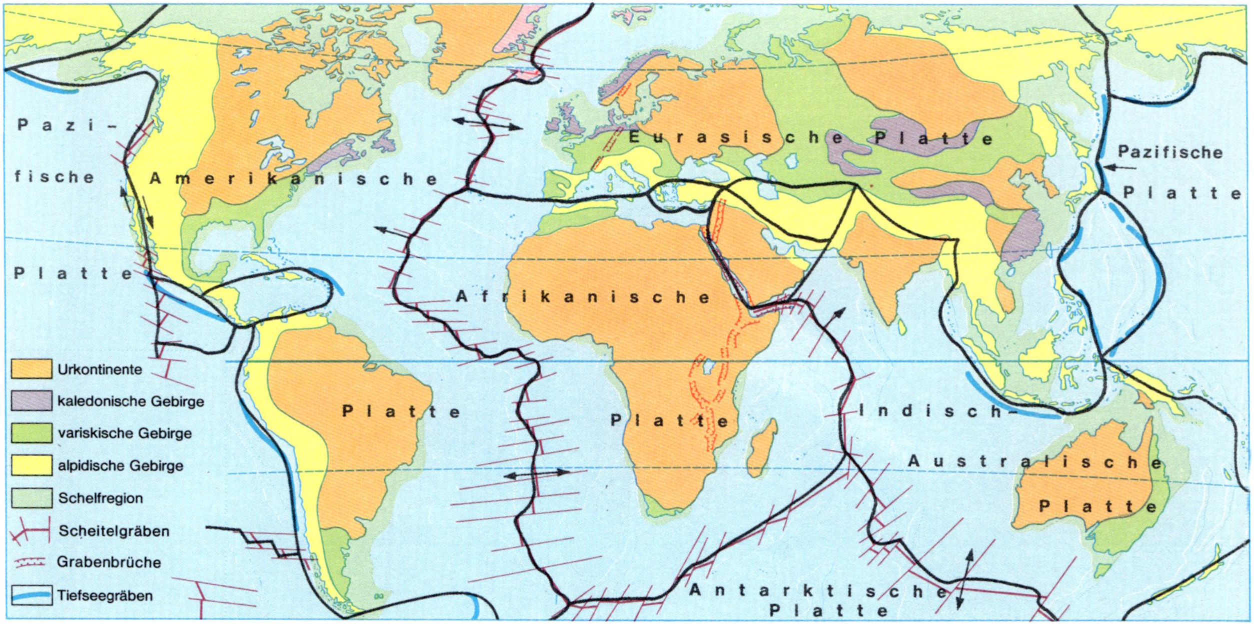

Die Großformen der heutigen Erdoberfläche

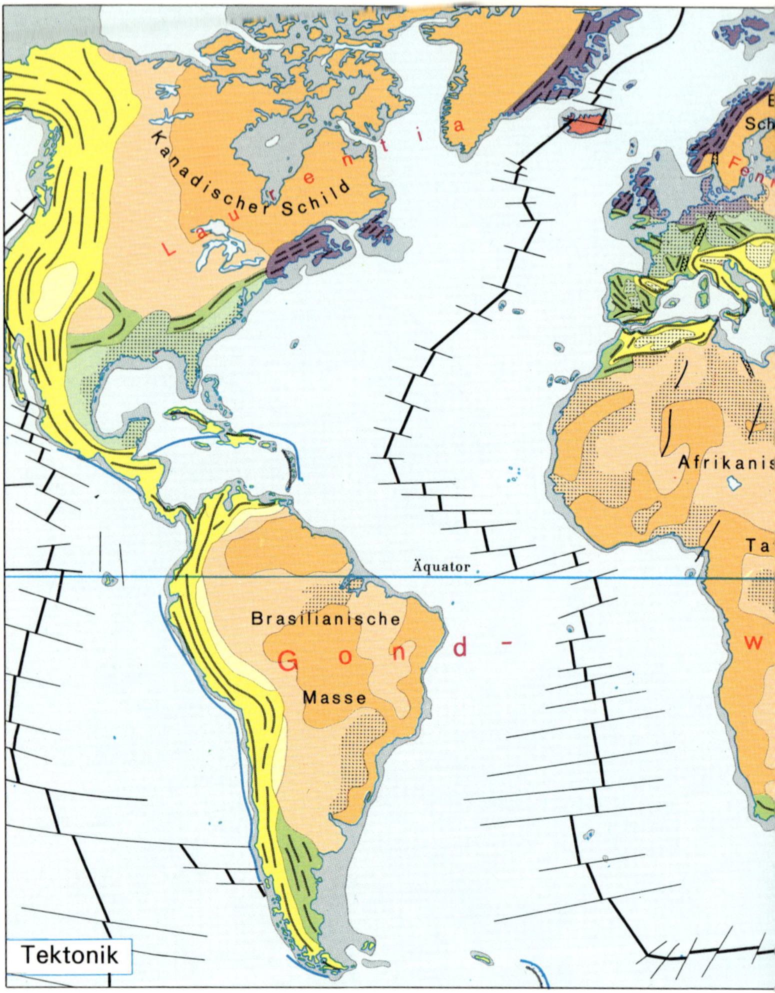

Text auf S. 18

Känozoikum
- *Faltengebirge (alpidisch)*
- *Tafelländer und Becken*
- *rein vulkanisches Festland*

Jungpaläozoikum
- *Faltengebirge (variskisch)*
- *Tafelländer und Becken*

Altpaläozoikum
- *Faltengebirge (kaledonisch)*
- *Tafelländer und Becken*

Präkambrium
- *Festlandsrümpfe (Kratone)*
- *Tafelländer und Becken*

besonders mächtige Sedimentdecken (z. T. vulkanische Decken)

heutiges Schelfgebiet

Grabenbruch

wichtige Horizontal- bzw. Vertikalverschiebung

Tiefseegraben

Scheitelgräben der großen ozeanischen Rücken mit Querstörungen (Seafloor Spreading)

Tektonik

Text zur Karte S. 16/17

Die Tektonik ist die Lehre vom Bau der Erdkruste und den Kräften, die diesen Bau bewirkt haben. Im großtektonischen Bild der Erde fällt zunächst auf, daß über 60 % der Oberfläche durch ozeanische Kruste gebildet werden und lediglich 40 % den Kontinenten zugehören. Dazu rechnen allerdings auch die vom Meer bedeckten Schelfgebiete, die durch den Kontinentalabfall von den Tiefseebecken getrennt sind.

Das heutige »Antlitz« der Erde ist das Ergebnis eines Prozesses von erdgeschichtlicher Dauer, der in der Unterkreide (vor etwa 140 Mill. Jahren) eingesetzt hat: gemeint ist die Kontinentaldrift. Ursprünglich bestand zwischen den präkambrischen Kontinentalkernen, den sog. Kratonen, der Nord- und der Südkontinente jeweils ein enger Zusammenhang. Brasilianische Masse, Afrikanische Tafel, Arabische Tafel, Indische Masse und Australische Masse bildeten zusammen mit Antarktika den Südkontinent Gondwanaland.

Auf der Nordhalbkugel hingen Kanadischer Schild mit Grönland, Baltischer Schild, Russischer und Sibirischer Schild sowie die Chinesische Masse eng zusammen.

Diese ältesten Festlandsrümpfe, Tafelländer und Flachbecken sind seit alters nur von Schelfmeeren überflutet worden, die paläozoische und mesozoische Sedimentserien hinterließen. Sie werden eingerahmt durch Ketten- und Deckengebirge der kaledonischen, variskischen und alpidischen Gebirgsbildungsära. Man kann geradzu von einem kontinentalen Wachstum durch die Angliederung der Gebirge sprechen.

Im Verlauf der Gebirge, in erster Linie der alpidischen Kettengebirge, fallen zwei Gebirgsbildungszonen auf: einmal die zirkumpazifischen Gebirgsketten, zum anderen die äquatorparallelen, die sich im Raum der südostasiatischen Inselwelt mit den zirkumpazifischen vereinigen. Sie sind, wie alle Kettengebirge der Erde, aus Geosynklinalen hervorgegangen, die über kontinentalem Untergrund oder am Rand der Kontinente abgesenkt worden sind.

Die Grabenzonen der ozeanischen Rücken stehen teilweise in Verbindung mit den kontinentalen Grabenbrüchen. Die Zentralgräben der Ozeane werden durch staffelartig versetzte Bruchlinien gequert.

Geologie

Text zur Karte S. 20/21

Eine geologische Karte kann auf den ersten Blick wie ein wirres Mosaik erscheinen – ohne Bezüge der einzelnen Bestandteile zueinander, ohne erkennbare Gesetzmäßigkeiten, ohne regelhafte Abfolge. Alle Farbsignaturen der Legende beziehen sich auf das Alter der Gesteine, nicht etwa auf deren Zusammensetzung; ausgenommen hiervon sind lediglich die Ergußgesteine und die Tiefengesteine, wie z. B. Granit. Auch die präkambrischen Gesteine sind Granit, Gneis oder metamorphe Gesteine. Alle Signaturen vom Altpaläozoikum bis zum Quartär gelten für Ablagerungs- oder Sedimentgesteine.

Allen Kontinenten ist gemeinsam, daß sie als Kern von unterschiedlicher Größe einen Sockel aus präkambrischen Gesteinen besitzen, die fast immer vergesellschaftet sind mit Tiefengesteinen. Dieses älteste Material ist an manchen Stellen bloßgelegt, größtenteils aber durch jüngere Sedimente verdeckt worden.

So fällt z. B. bei Afrika auf, daß – ausgehend von den präkambrischen Randschwellen – dort zu den einzelnen Becken hin zunächst ältere Gesteine aus dem Altpaläozoikum offenliegen, dann mesozoische Schichten folgen und schließlich Gesteine der jüngsten erdgeschichtlichen Vergangenheit und Gegenwart das Beckeninnere füllen.

Wo Gebirge der variskischen und alpidischen Gebirgsbildung auftreten, sind – entsprechend den verschiedenen Phasen dieser Orogenese – zumeist Gesteine aus mehreren Erdzeitaltern einbezogen worden.

In den Zonen jüngerer Aktivitäten, wie z. B. in den Anden und im gesamten zirkumpazifischen Gürtel, findet man ausgedehnte Gebiete, die von Ergußgesteinen überzogen sind. Auch das Auseinanderbrechen von Krustenschollen im Rahmen der Kontinentaldrift bzw. im Zusammenhang mit der Entstehung von Grabenbrüchen führte zum Aufstieg gewaltiger Plateaubasalt-Massen (Äthiopien) oder Trappdecken (Dekkan).

Ihre jüngste Umgestaltung größeren Ausmaßes erfuhr die Erdoberfläche im Rahmen der quartären Vereisung. Diese hat sowohl die polnahen, niederschlagsreichen Gebiete betroffen, wie auch die Hochgebirge.

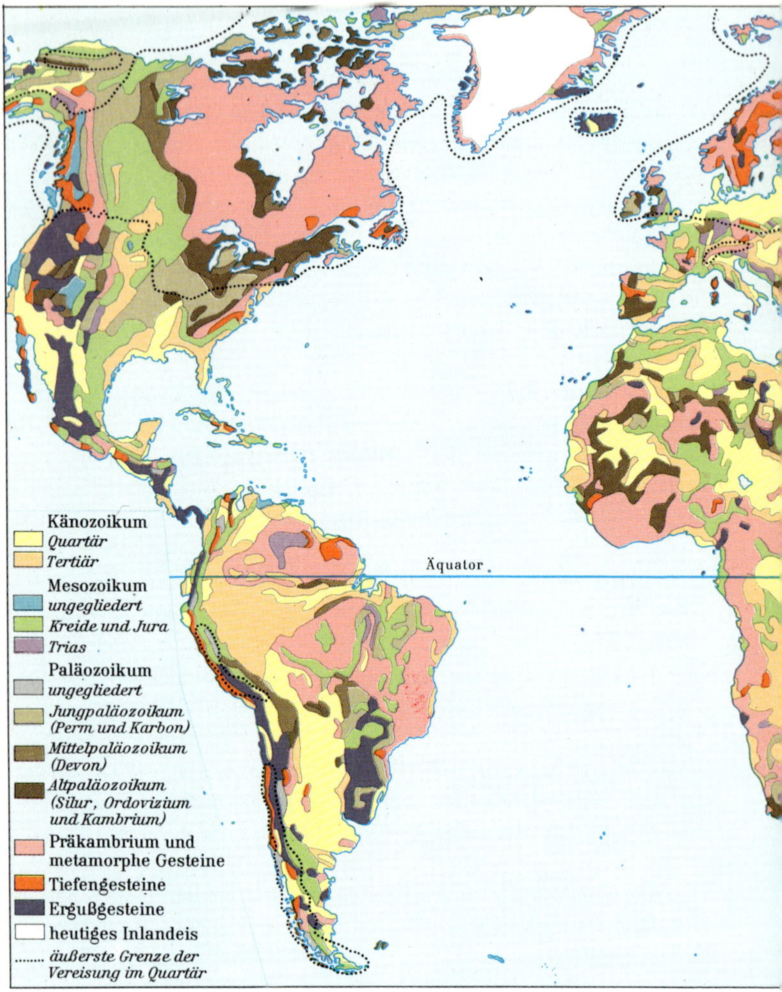
Äquator
Känozoikum
Quartär
Tertiär
Mesozoikum
ungegliedert
Kreide und Jura
Trias
Paläozoikum
ungegliedert
Jungpaläozoikum (Perm und Karbon)
Mittelpaläozoikum (Devon)
Altpaläozoikum (Silur, Ordovizium und Kambrium)
Präkambrium und metamorphe Gesteine
Tiefengesteine
Ergußgesteine
heutiges Inlandeis
äußerste Grenze der Vereisung im Quartär

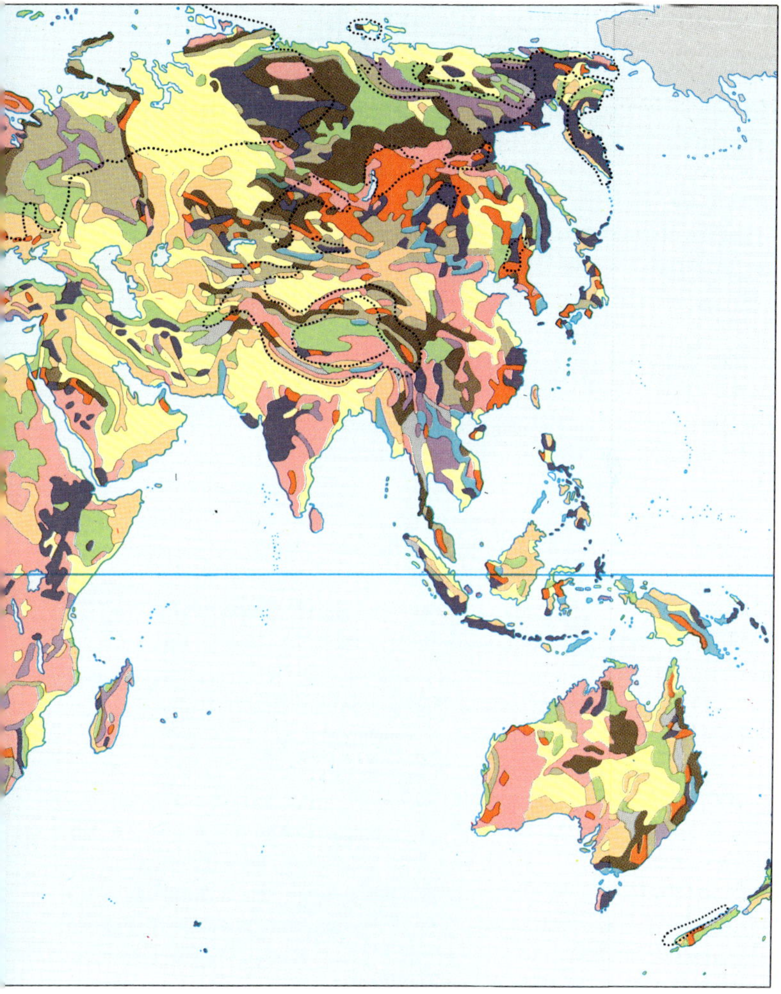

Text auf S. 19

Vulkanismus und Plattentektonik

Das Modell der Plattentektonik berücksichtigt nicht nur das Geschehen der äußeren Erdrinde, sondern bezieht auch die Vorgänge in der tieferen Kruste und im Erdmantel mit ein. Nach diesem Modell besteht die Erdkruste aus 14 steifen Platten; die Kontinente selbst sind nur Teilstücke, die vulkanisch und seismisch relativ ruhig sind, an deren Rändern aber erhöhte seismische, vulkanische und tektonische Aktivität zu verzeichnen ist. Denn die Platten bewegen sich relativ zueinander.

Man geht von der Annahme aus, daß sich unter der Erdkruste, im oberen Erdmantel Konvektionsströme entwickeln, angetrieben durch die thermische Energie des Erdinneren. Wo diese Unterströmungen aufsteigen und auseinanderfließen, dort bilden sie die Kammregionen der ozeanischen Rücken; dort entfernen sich die Platten voneinander, dort tritt basaltischer Vulkanismus auf, dort wird Erdkruste neu gebildet. Wo die Ströme zusammenfließen, wird die Erdkruste nach unten gezogen und aufgeschmolzen; dort taucht meist die ozeanische Platte unter die kontinentale, dort wird durch die Vulkane Andesit gefördert: Man bezeichnet deshalb den Feuergürtel des Pazifik auch als den pazifischen Andesitring, der parallel zu den Tiefseegräben verläuft. Schließlich gibt es auch Grenzen, an denen sich die Platten zueinander verschieben, wie z. B. im Westen Nordamerikas.

Aktive Vulkane treten in erster Linie dort auf, wo Platten des ozeanischen Typs und des kontinentalen Typs einander begegnen; wir finden sie aber auch entlang von innerkontinentalen Grabenbrüchen, z. B. in Ostafrika. Die Vulkaninsel Island liegt auf der Kammregion des Mittelatlantischen Rückens, von dem aus die jeweiligen Platten auseinander driften und der deshalb besonders im Südatlantik die Küstenlinien der begrenzenden Kontinente Afrika und Südamerika nachzeichnet.

In manchen dichtbesiedelten Räumen der Erde, z. B. Japan und Indonesien, bedrohen Vulkane Leben und Gut der Menschen. Die Wissenschaftler haben es sich deshalb zum Ziel gesetzt, die Gesetzmäßigkeiten in der Tätigkeit von Vulkanen zu finden, die Eigengesetzlichkeiten der einzelnen Vulkane festzustellen und so Ort und Stärke bevorstehender Ausbrüche vorhersagen zu können.

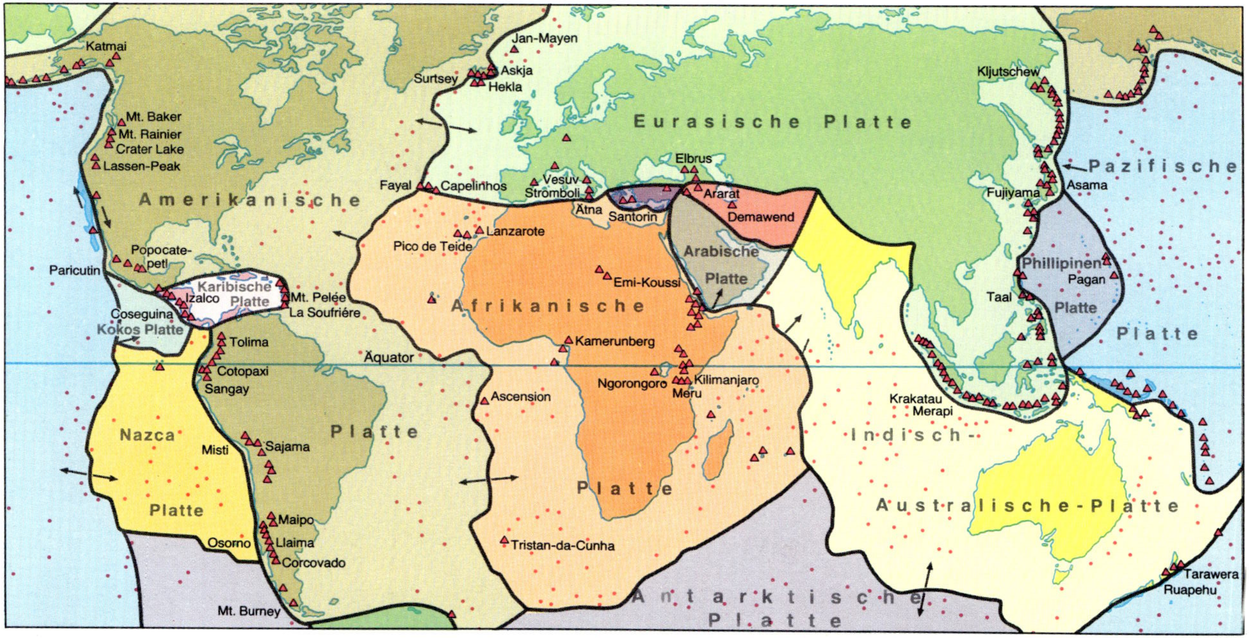

aktive und erloschene Vulkane quartären Alters

submarine (untermeerische) Vulkane

Grenzlinien der Großplatten (Plattentektonik)

horizontale Bewegungsrichtung der Großplatten

Erdbeben

Erdbeben sind Erschütterungen der Erdoberfläche, die sich als Wellen nach allen Seiten ausbreiten. Sie entstehen dort, wo Schollen der Erdkruste aneinandergrenzen; dort können sich Spannungen aufbauen, die sich schließlich ruckartig lösen, und das Gestein zerreißt oder zerbricht. Erdbeben entstehen folglich dort, wo die Erdkruste noch nicht vollständig verfestigt ist.

In den Ozeanen sind die Erdbeben auf schmale Zonen konzentriert: die bis zu 3500 m hohen und über 1500 km breiten ozeanischen Rücken, die als über 70 000 km langes zusammenhängendes Gebirge die größte geologische Einheit der Erde bilden. Sie verlaufen in der Mitte des Atlantik und Indik und im Osten des Pazifik. Hier sind die Zonen der Entstehung neuen Ozeanbodens durch aufdringende Gesteinsmassen. Nahe dem Rückenkamm reißen Erdkruste und ein Teil des Erdmantels ständig auseinander, es bilden sich Spalten; diese füllen sich mit geschmolzenem Gestein. In dieser Erdbebenzone treten nur Flachbeben mit weniger als 70 km tiefem Erdbebenherd auf.

Eine zweite weltweite Erdbebenzone verläuft parallel zu den Tiefseegräben rund um den Pazifik, am Außenrand der Nord- und Südantillen sowie entlang dem Sundabogen. Sie stimmt teilweise überein mit dem Verlauf der jungen Kettengebirge; vom Sundagraben aus geht sie in die Zone der tertiären Kettengebirge Eurasiens über, der auch die Bebengebiete Südeuropas und Vorderasiens angehören.

Diese Räume stellen die Zonen für die Krustenpartien dar, die »verschluckt« werden. Wenn man die mittelozeanischen Rücken als »Quellen« des komplizierten Systems von Konvektionsströmen bezeichnet, so stellen die Verschluckungszonen die »Senken« dar. Hier schiebt sich die schwere ozeanische Kruste unter die leichtere kontinentale, und zwar entlang schräg zum Kontinent hin einfallender Scherflächen. Die Lage der Erdbebenzentren zeichnet das Abtauchen der Kruste nach: An der Westküste Südamerikas treten Flachbeben auf, nach Osten hin folgen intermediäre Beben (70–300 km), bereits östlich der Anden Tiefbeben mit bis zu 700 km tiefem Zentrum; diese Beben richten allerdings keinen Schaden mehr an. Im übrigen aber hängt die Schadenhöhe bei Erdbeben wesentlich von der Besiedlungsdichte des betroffenen Gebietes ab.

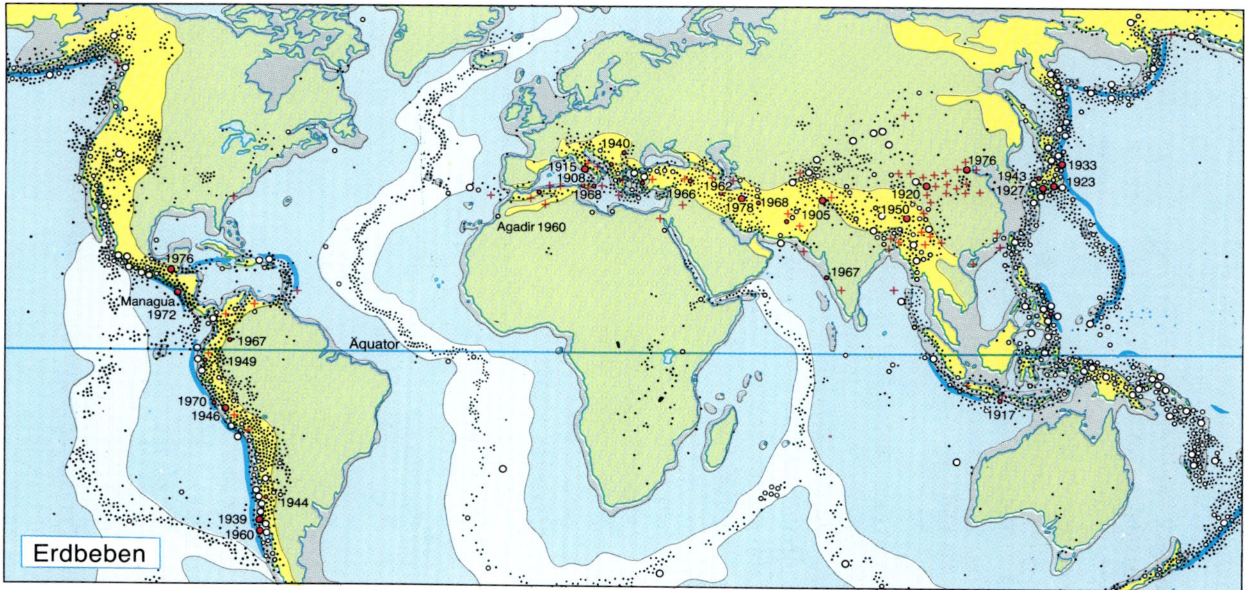

Erdbebengefährdete Gebiete (mobile Zonen der Erdkruste)
- alpidische Faltungszone
- ozeanische Rücken mit zentralen Grabenzonen
- Tiefseegraben

Durch Erdbeben nicht bzw. nur gering beeinflußte Gebiete (stabile Zonen der Erdkruste)
- Landoberfläche
- Kontinentalschelf
- ozeanische Becken

Epizentren von Erd- und Seebeben nach 1900 (Erdbebenherd in weniger als 60 km Tiefe)
- starke Beben (Magnitude 7,0 - 7,7)
- sehr starke Beben (Magnitude 7,8 - 8,5)
- Katastrophenbeben (über 1000 Tote) mit Jahresangabe

- Epizentren von Katastrophenbeben vor 1900

Registrierte Beben 1961 - 67 (nach Barazangi u. Dorman, 1969)
- Epizentren (bis 700 km Tiefe)

Jahres-Niederschlagsmengen

Die Verdunstung des Meerwassers und des Oberflächenwassers auf den Kontinenten ist um so größer, je höher die Temperaturen liegen. Gleichzeitig kann warme Luft mehr Feuchtigkeit aufnehmen als kalte. Die Voraussetzungen für hohe Niederschläge sind damit in den Tropen gegeben, während in den Polarzonen die »Wasserdampf-Kapazität« der Atmosphäre gering ist (Vergleiche der Niederschlagsmengen in den Äquatorialgebieten Südamerikas, Mittelafrikas und SO-Asiens mit denen in Kanada und Sibirien).

Verständlich ist auch, daß die meernahen Gebiete auf der ganzen Erde wegen der höheren Verdunstung stärkere Niederschläge erhalten als die meerfernen (Vergleich der Westküste Nordamerikas und Eurasiens mit dem Inneren der beiden Kontinente). Die »Kontinentalität« nimmt also mit zunehmender Entfernung vom Meer zu. Allerdings tragen die vorherrschenden Winde – z. B. die Westwinde in unseren Breiten – die Luftmassen ins Land hinein; wo dies fast ungehindert geschehen kann – wie in Europa – nimmt die Niederschlagsmenge nur allmählich ab. Wenn aber Gebirge den Luftmassen den Weg versperren – wie an der Westküste des nördlichen Nordamerikas und des südlichen Südamerikas – so kommt es an den Berghängen zu starken »Steigungsregen«; diese bleiben aber auf die »Außenseite« der Gebirge beschränkt. Landeinwärts nimmt die Niederschlagsmenge rasch ab.

Niederschläge entstehen vor allem dadurch, daß sich feuchte Luftmassen abkühlen; dann kommt es zur Kondensation. Dies geschieht einmal beim Aufgleiten der Luftmassen an Gebirgen (»Steigungsregen«) oder beim Aufsteigen der Luft in Äquatornähe (»Zenitalregen«, da während des Sonnenhöchststandes = Zenit besonders ergiebig). Umgekehrt bleibt es trocken, wenn die Luftmassen absinken, z. B. im Lee der Gebirge. Trocken bleibt es auch dort, wo die Luftmassen senkrecht absinken – im Bereich des stabilen Hochdruckgürtels entlang den beiden Wendekreisen. Hier liegen die großen Wüstengürtel unseres Erdballes.

Ein Vergleich der Niederschläge mit den Großformen zeigt deutlich den Zusammenhang zwischen den Oberflächenformen und den Niederschlagsmengen.

Jahres-Niederschlagsmengen

Jahreszeitliche Verteilung der Niederschläge

In unseren gemäßigten oder Mittelbreiten fallen die Niederschläge ziemlich gleichmäßig über das ganze Jahr verteilt – freilich mit einem Maximum im Sommer und einem Minimum im Winter. In den äußeren Tropen dagegen sind die Unterschiede der Regenmengen so groß, daß man die Einteilung in Jahreszeiten nicht nach der Temperatur, sondern nach den Niederschlägen vornimmt: Trockenzeit, Regenzeit. Die nebenstehende Karte gibt jeweils den Monat des stärksten Niederschlags an; dieser Monat steht aber eigentlich für eine ganze Jahreszeit.

Die jahreszeitliche Verteilung der Niederschläge hängt eng mit der Zirkulation der Atmosphäre zusammen; besonders einflußreich ist dabei der Gang des Sonnenhöchststandes und die damit verbundene Verschiebung der Druckgürtel. Durch die starke Einstrahlung bei senkrechtem Sonnenstand (Zenit) wird die Luftschicht labil: Luft steigt auf, die enthaltene Feuchtigkeit kondensiert, Wolken und Niederschläge entstehen.

Am verbreitetsten ist ein Niederschlagsmaximum in den Sommermonaten; es fällt auf der Nordhalbkugel in die Monate Juni, Juli und August, auf der Südhalbkugel in die Monate Dezember, Januar und Februar. Hervorgerufen wird dieses Maximum durch Zenitalregen, die kurz nach dem Sonnenhöchststand entstehen. Besonders deutlich ist diese Wanderung des Niederschlagsmaximums in Afrika und Südamerika zu beobachten. Auffallend kräftig sind die sommerlichen Zenitalregen in Südasien, wo sie Monsune genannt werden.

In unseren Mittelbreiten werden die Luftmassen ähnlich wie in den Tropen durch die Erwärmung »labil«, wodurch ein Sommermaximum der Niederschläge entsteht. Es reicht von Nordamerika über Nord- und Mitteleuropa bis nach Sibirien. Im Meeresbereich überwiegen in den Mittelbreiten die Winterniederschläge, weil dort die Luft relativ wärmer und damit labiler ist als die stabile Kaltluft der Festländer. Im Übergangsbereich zwischen dem kontinentalen Sommermaximum und dem ozeanischen Wintermaximum kommt es zu starken Herbstniederschlägen (Frankreich bis Norwegen). Herbst- und Wintermaxima zeigt der Mittelmeerraum, der nur zu dieser Zeit von den feuchten Westwinden erreicht wird.

Maßstab der Karten I-III 1 : 180 000 000

Stärkster Niederschlag im

Januar	Mai	September	fast niederschlagslose Gebiete
Februar	Juni	Oktober	
März	Juli	November	
April	August	Dezember	

Weitere Karten auf S. 30/31

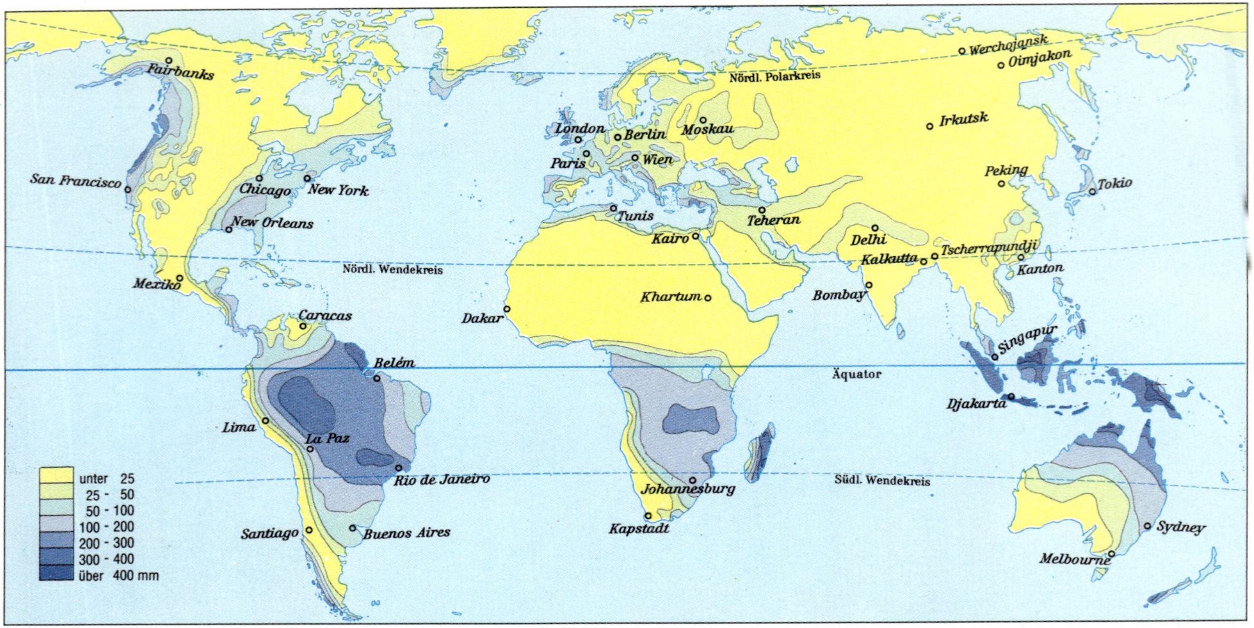

Niederschläge im Januar

Text auf S. 28

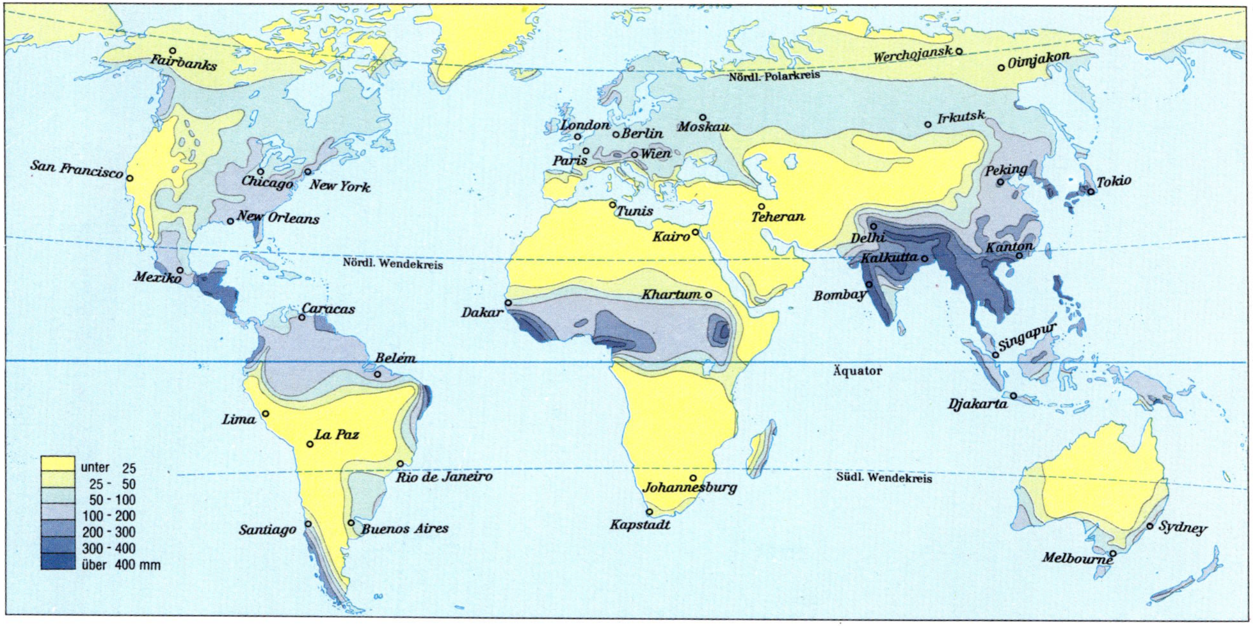

Niederschläge im Juli

Text auf S. 28

Luftmassen und ihre Zirkulation

Die Zirkulation der Luftmassen zeigt in Bodennähe der Erde:
die innertropische Konvergenzzone (äquatoriale Tiefdruckrinne),
die spiegelbildlich zum Äquator liegenden Roßbreiten-Hochs in der Nähe der Wendekreise,
die Nordost- und Südost-Passate zwischen den Roßbreiten und der innertropischen Konvergenzzone,
die in die Westwindzonen eingebetteten Polarfronten der Nord- und Südhalbkugel mit äquatorwärts gerichteten Kaltluftmassen und polwärts gerichteten Warmluftmassen,
die Tiefs der polwärtigen Teile der Ozeane.
Die Karte zeigt nicht die Kältehochs der Polarkappen.

Die Sonne erwärmt die äquatornahen Gebiete infolge des steilen Einfalls der Sonnenstrahlen am meisten. Die von der Erdoberfläche abgegebene Energie erhitzt die Luft, so daß diese aufsteigt und in Erdnähe tiefen und in der Höhe hohen Druck erzeugt. Zum Ausgleich fließen Luftmassen aus den Subtropen in die äquatoriale Tiefdruckrinne. Diese Luftströme werden durch die Erdbewegung auf der Südhalbkugel nach links und auf der Nordhalbkugel nach rechts abgelenkt, so daß die ganzjährig wehenden Passate als Nordost- bzw. Südost-Passate in die inneren Tropen wehen und dort an der innertropischen Konvergenz zusammenstoßen und dem dortigen thermisch bedingten Aufwind eine neue dynamische Komponente geben. Die zu hohem Druck verdichteten Luftmassen in großer Höhe über dem Äquator gehen schließlich in Richtung Nord- bzw. Südpol auseinander. Diese beiden polwärts gerichteten Höhenströme werden im Norden nach rechts und im Süden nach links, d. h. in mittelhohen Breiten vollständig zu Westwinden, den Strahlströmen (Jetstreams) umgelenkt.

Treffen kalte polare/subpolare Luftmassen bei ihrer äquatorwärtigen Bewegung und tropisch-subtropische Luftmassen bei ihrer polwärtigen Bewegung aufeinander, so entsteht ein dynamisches Tief, eine Zyklone, an deren Vorderseite die Warmluft polwärts und an deren Rückseite die Kaltluft äquatorwärts fließt. Die unter den Strahlströmen liegenden und in den Westwindgürteln eingebetteten Hochs und Tiefs werden nach Osten verlagert, wobei die Hochs äquatorwärts ausscheren und die Roßbreitenhochs immer wieder auffüllen und die Tiefs polwärts in die subpolare Tiefdruckrinne abdriften.

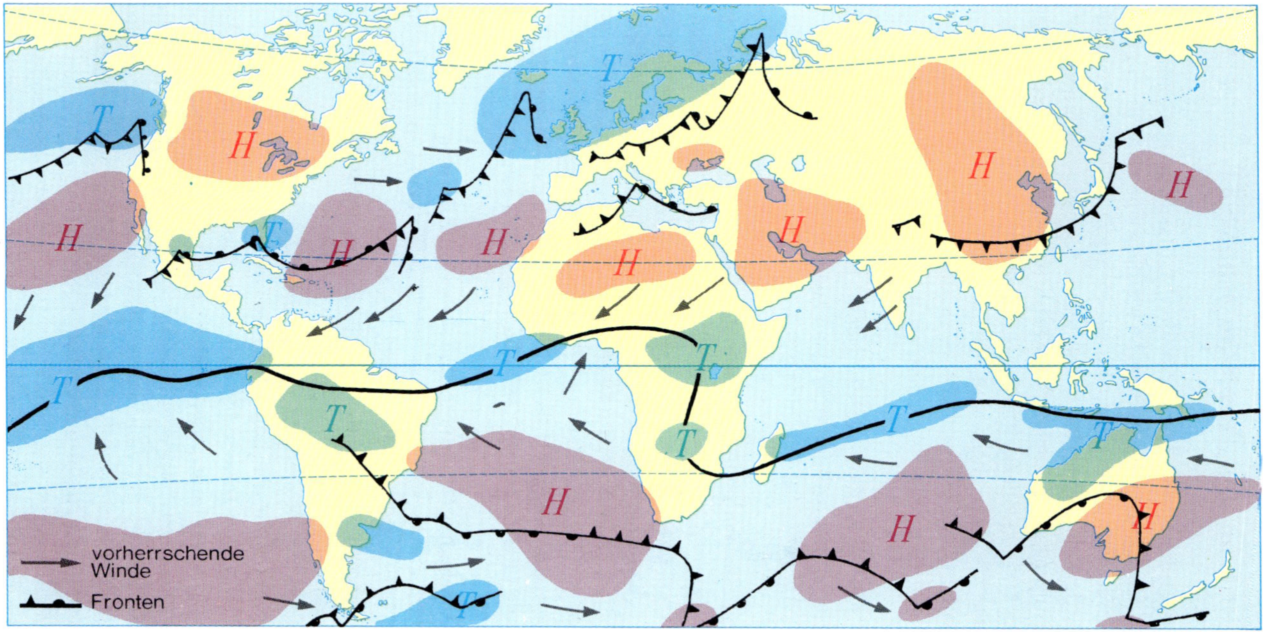

Hoch- und Tiefdruckgebiete, vorherrschende Winde und Luftmassenfronten

Temperaturen und Winde im Januar

Im Januar ist der Nordpol bzw. der Nordteil der Erdachse, die einen Winkel von 66,5 Grad mit der Erdbahn um die Sonne bildet und um die sich die Erde am Tage einmal dreht, von der Sonne weg geneigt, so daß die nördliche Polarkappe überhaupt keinen Sonnenstrahl erhält bzw. der Nordpol ein halbes Jahr lang von der polaren Nacht beherrscht wird. Aber auch die niederen Breiten der Nordhalbkugel sind von der Sonne mehr oder weniger abgewandt, so daß die Sonnenstrahlen mit zunehmender Breite in einem kleiner werdenden Winkel auf die Erde treffen und deshalb pro Flächeneinheit weniger Energie zuführen.

Diese schiefe Stellung der Erdachse zur Erdbahn bewirkt die Temperaturminima auf der Nordhalbkugel und die gleichzeitigen Temperaturmaxima auf der Südhalbkugel im Januar.

Der kälteste Punkt liegt jedoch nicht am Nordpol, sondern in Sibirien, wo Temperaturen bis zu −78 °C (Grönland −52 °C, Nordkanada −63 °C) gemessen worden sind. Januarmittel zwischen −30 und −50 °C finden sich in weiten subpolaren Bereichen. Die kalten polaren und subpolaren Luftmassen reichen infolge ihrer höheren Dichte viel weiter nach Süden als im Sommer. Sie können in Europa bis in den Mittelmeerraum und nach Nordafrika, in Nordamerika bis in die Karibik und in Ostasien bis nach Südchina vordringen.

Beim Zusammentreffen der kalten polaren und subpolaren Luftmassen und der warmen subtropischen Luftmassen an der sog. Polarfront entstehen große Wirbel, dynamische Tiefs bzw. Zyklonen – so das nordatlantische oder Islandtief und die nordpazifische Zyklone.

Die Hochs der Roßbreiten (Azorenhoch oder Nordatlantikhoch, Nordpazifikhoch) liegen südlicher als im Nordsommer und versperren den nördlichen Luftmassen den Weg nach Süden. Aus den Roßbreitenhochs weht der Nordostpassat in Richtung Äquator. Die Sonne steht aber nicht senkrecht über dem Äquator, sondern über dem südlichen Wendekreis, so daß der südlich des Äquators gelegene Teil die größte Menge an Sonnenenergie erhält. Dadurch steigen die erdoberflächennahen Luftmassen empor und bilden in Erdoberflächennähe ein Tief aus, das den Nordost- und Südostpassat an der sog. innertropischen Konvergenz zur Kompensation der fehlenden Luftmassen anzieht.

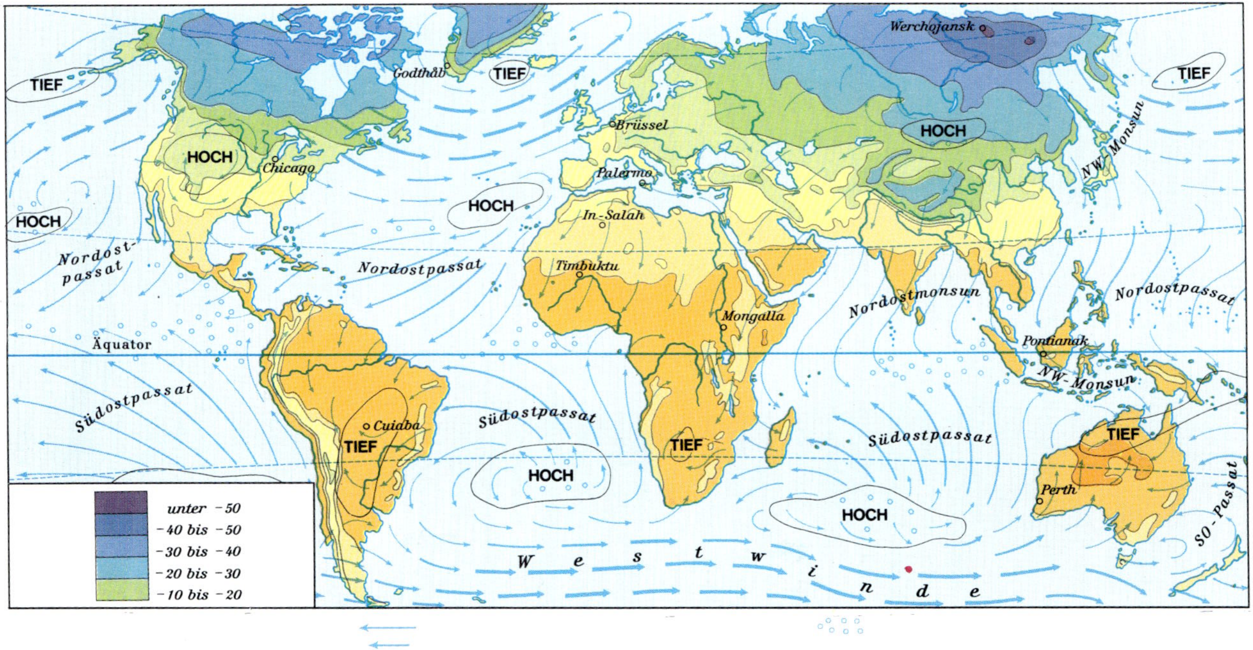

Maßstab 1:180 000 000

Winde — *beständig* / *veränderlich* — *Je stärker die Pfeile, umso stürmischer der Wind*

Äquatoriale Kalmen und Kalmen der Roßbreiten an den Wendekreisen

Temperaturen und Winde im Juli

Im Juli ist die Nordhalbkugel der Sonne zugewandt, so daß sich hier der Nordsommer entfalten kann. Die Monatsmittel in Nordsibirien liegen zwischen 0 und 10 °C, in Mitteleuropa zwischen 10 und 20 °C, in Südeuropa zwischen 20 und 30 °C und in der Sahara zwischen 30 und 40 °C. Hier wurden auch die höchsten Temperaturen von 55 °C gemessen.

Mit den steigenden sommerlichen Temperaturen verlagern sich auch die Luftdruck- und Windgürtel nordpolwärts, so daß z. B. das Azorenhoch den wandernden Zyklonen (Tiefs) der Westwindzone den Zugang zum Mittelmeerraum weitgehend versperrt und diesem eine stabile Trockenheit mit hohen Temperaturen bringt. Weil die Sonne im Nordsommer über dem nördlichen Wendekreis im Zenit steht, verschiebt sich die innertropische Konvergenzzone, d. h. das Gebiet mit aufsteigender Luft und täglichen Zenitalregen, nach Norden. Der Südostpassat überschreitet den Äquator und weht als Südwestmonsun über den Indischen Ozean – angezogen von einem kräftigen Tief – nach Indien.

Die Landmassen Ostasiens werden im Sommer derart erwärmt, daß die darüber lagernden Luftmassen aufsteigen und damit feuchte Luftmassen vom Pazifischen Ozean zur Kompensation des tieferen Drucks heranziehen. Diese Thermik bedingt die sommerlichen Monsunwinde und Monsunregen in Ostasien. Allerdings wird die Menge der Niederschläge durch die über dem Monsun liegende Polarfront mit ihren wandernden Tiefs stark erhöht.

Die Roßbreiten der Südhalbkugel liegen im Juli weiter äquatorwärts als im Südsommer, so daß die Westwinde den Süden Südamerikas, Südafrikas und Südaustraliens erreichen können und dort Winterregen bringen – ähnlich den Winterregen des Mittelmeergebietes im Nordwinter. Wegen der fehlenden Kontinentalmassen bilden die Westwinde der südlichen Halbkugel ein geschlosseneres Band als auf der Nordhalbkugel und wehen um so stürmischer ungestört über das südliche, antarktisnahe Meer. Weil die Südkontinente nicht so weit polwärts reichen – Südafrika 35, Südamerika 53, Tasmanien 43° S – und sich außerdem nach Süden verjüngen, verursachen die Breitenlage und Meeresnähe nur mäßig kühle Wintertemperaturen.

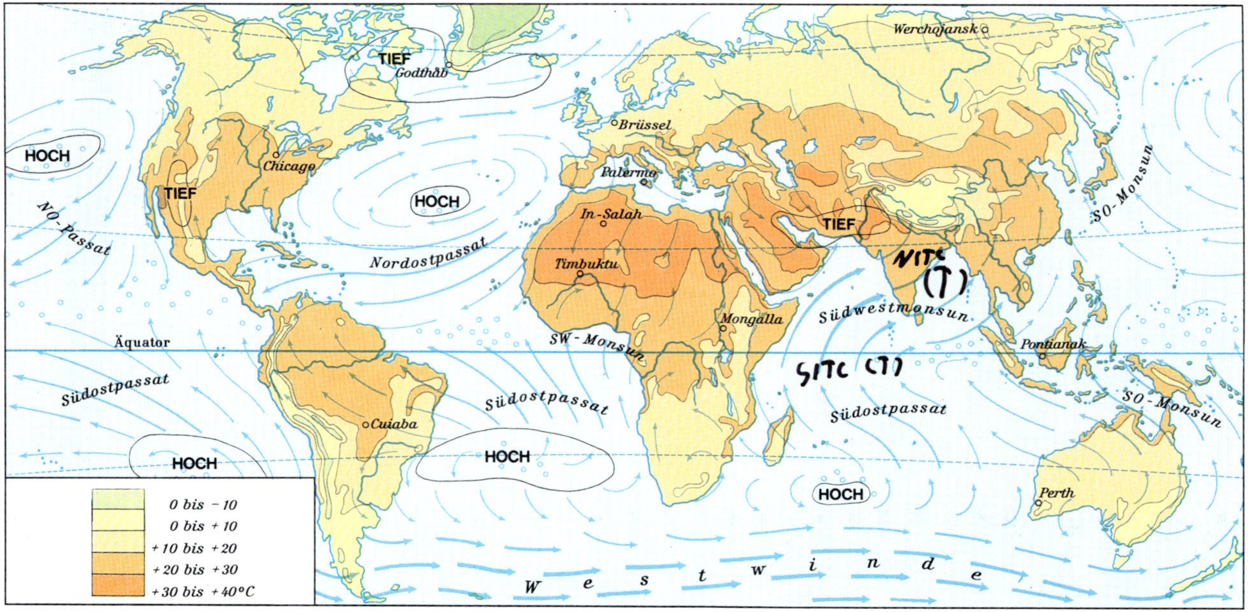

Temperaturen in der Höhe der Bodenoberfläche in Celsiusgrad
Mittelwerte auf Grund langjähriger Messungen und Beobachtungen

Wirbelstürme / Überschwemmungen

Wirbelstürme sind räumlich begrenzte Luftströmungen, bei denen die Luftmassen um eine vertikale Achse rotieren. Tropische Wirbelstürme tragen verschiedene Namen: Als Hurricane werden sie in den westindischen Gewässern bezeichnet; Taifune nennt man sie im Raum der ostasiatischen Meere; Mauritius-Orkane heißen sie im Südindik, Willy-Willies östlich von Australien; die Bengalenzyklone kommen im gleichnamigen Golf und im Arabischen Meer vor, die Cordonazos im Ostpazifik.

Kennzeichen aller tropischen Wirbelstürme sind ihre gewaltigen Ausmaße. Ihr Durchmesser kann mehrere 100 km betragen, wobei das »Auge« als windstilles Zentrum allein 15–50 km Durchmesser aufweist. Ihre Geschwindigkeit liegt bei lediglich 20–60 km/h, sie kann sich aber bis zu 100–150 km steigern. Die das Auge umkreisenden Wirbelwinde (auf der Nordhalbkugel entgegen dem Uhrzeigersinn) erreichen Windgeschwindigkeiten von 450 km/h.

Tropische Wirbelstürme entstehen in den Meeres- und Küstengebieten nördlich und südlich 5° Breite, wenn die Innertropische Convergenzzone vom Äquator etwas entfernt ist: im Sommer und Frühherbst der betreffenden Halbkugel. Dann sind die warmen Luftmassen labil geschichtet; durch Vorstöße außertropischer Kaltluft erhält die Warmluft einen Auftrieb; die Corioliskraft bewirkt die Wirbelstruktur. 2–3 Tage benötigen die tropischen Störungen, ehe sie in eine Wirbelbewegung geraten. Wenn die Spiralstruktur der Wolken nahezu symmetrisch ist, erreichen die Wirbelstürme ihre größte Intensität.

Ihre Zugbahnen verlaufen anfangs von Osten nach Westen, gesteuert durch die tropischen Ostwinde; dann biegen sie vor den Kontinenten in Parabeln nach Norden bzw. Süden um und münden schließlich in die Westwinddrift ein.

Wirbelstürme führen zu flächenhaften Verheerungen. Sie transportieren ungeheure Wassermassen mit sich; hierdurch können Niederschläge von 100 mm und mehr an einem einzigen Tag fallen. Wenn Wirbelstürme vom Meer aufs Land ziehen, richten die Flutwellen mit bis zu 20 m hohen Wasserwänden besonders große Verwüstungen an. Überschwemmungen an Mündungen haben hier ihre Ursache.

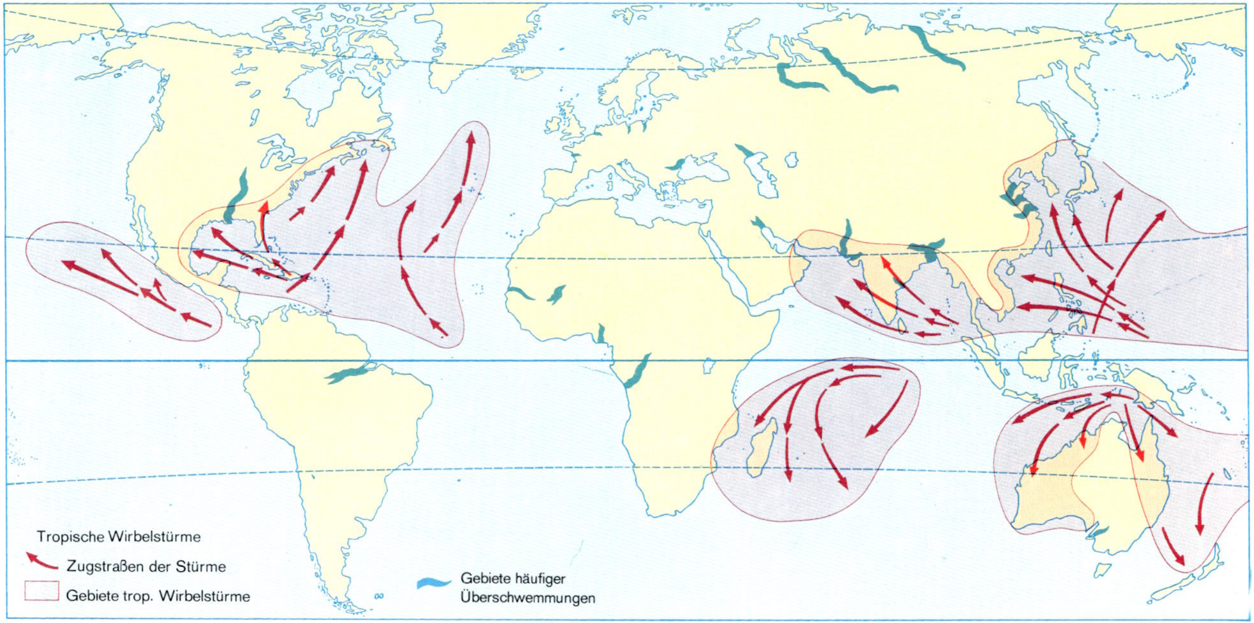

Tropische Wirbelstürme und häufige Flußüberschwemmungen

Klimazonen

Die Griechen Parmenides von Ela (um 500 v. Chr.), Eratosthenes (um 250 v. Chr.) und andere erkannten bereits die Abhängigkeit des Sonnenstandes von der geographischen Breite und kamen zu einer ersten Einteilung der ihnen bekannten Welt in Klimazonen. Von ihnen wurde die Bezeichnung Klima (clima [gr.-lat.] = Neigung) gewählt, womit die mit der Jahreszeit wechselnde Sonnenhöhe gemeint war.

Aus eigener Erfahrung wissen wir, daß die Sonne täglich einen Bogen über dem südlichen Horizont beschreibt. Die Länge dieser Sonnenbahn verändert sich im Laufe eines Jahres. Deshalb sind die Tage bei uns im Sommer länger als im Winter. Dahinter steckt ein Naturgesetz, das von der Stellung der Erde zur Sonne und von den Bewegungen der Erde im Sonnensystem abhängt. Alles in allem ergeben sich daraus fünf Beleuchtungs- oder Temperaturzonen.

An den Polen der Erde reicht jeweils bis zum nördlichen bzw. südlichen Polarkreis die Polarzone. Hier wechselt die Tageslänge zwischen Sommer und Winter sehr stark. Im Sommer, während des Polartages, geht die Sonne gar nicht unter. Dagegen bleibt die Sonne während der Polarnacht im Winter unter dem Horizont.

Völlig anders verhält sich die Sonne zwischen den beiden Wendekreisen in der tropischen Zone. Hier dauern alle Tage etwa zwölf Stunden, und es ist wegen der starken Sonneneinstrahlung immer heiß.

Zwischen den Wende- und den Polarkreisen liegen die nördliche und südliche gemäßigte Zone. Zwar sind hier die Tage auch verschieden lang und die Sonneneinstrahlung ist im Winter geringer als im Sommer, aber der Wechsel ist doch nicht so stark wie in der polaren Zone.

In Wirklichkeit sind die Klimate nicht mathematisch genau über die Erde verteilt. Die unterschiedliche Anordnung von Land und Wasser, Gebirge und Tiefland führt zu anders abgegrenzten Klimazonen.

Außerdem ist die Niederschlagshöhe zu beachten, denn sie ist von großer Bedeutung für das Klima und die Pflanzen- und Tierwelt. Im Grenzbereich der tropischen Zone schieben sich vorwiegend an der Westseite der Kontinente zwei Trockengürtel ein, die Subtropen.

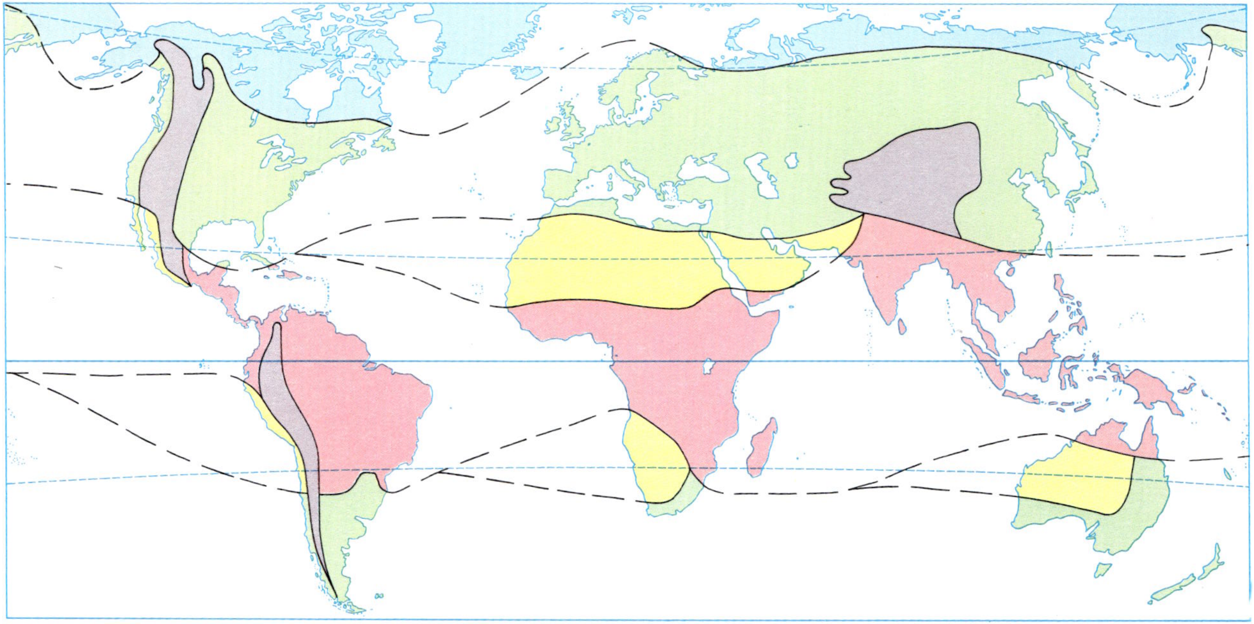

Klimazonen, stark vereinfachte Darstellung

Klimazonen und Klimagruppen

Unter Klima verstehen wir den durchschnittlichen Wetterablauf vieler Jahre in einem bestimmten Gebiet der Erde. Da das Wetter vor allem von warmer oder kalter, feuchter oder trockener Luft bestimmt wird, hängt auch das Klima davon ab. Ausschlaggebend dafür, welche Luftmassen einem Gebiet zugeführt werden, ist weitgehend dessen Lage zwischen Pol und Äquator.

An den Polkappen liegen die kalten und niederschlagsarmen Eisklimate. Lediglich im Bereich der Tundren steigen im Sommer die Durchschnittstemperaturen über den Nullpunkt, und der Boden taut oberflächlich auf.

In der gemäßigten Klimazone sind die Jahreszeiten deutlich an die jährliche Temperaturschwankung gebunden. Wir unterscheiden Sommer und Winter. Zusätzlich beeinflussen die Niederschlagshöhe und die jährliche Verteilung des Niederschlags das Klima. Deshalb sind die niederschlagsreicheren Waldklimate von den niederschlagsärmeren Steppen- und Wüstenklimaten zu unterscheiden. Somit bestimmt in den Mittelbreiten die Lage zum Meer den Gegensatz von Land- und Seeklima: In meeresfernen Gebieten sind die Winter kälter und die Sommer wärmer, aber auch trockener als in küstennahen Ländern.

Nach Norden schließt sich auf den zusammenhängenden Landmassen der Nordhalbkugel ein durch strenge Winter gekennzeichnetes Nadelwaldklima an. Zur tropischen Zone hin nimmt die Sommerwärme zu und die Winterkälte ab. Hier liegen im Landesinnern die winterkalten Steppen- und Wüstenklimate und auf der Westseite der Kontinente das Mittelmeerklima, in dem der Niederschlag vorwiegend im Winter fällt. Auf der Ostseite der Kontinente regnet es häufiger im Sommer.

In den inneren Tropen beiderseits des Äquators ist das Wetter gleichmäßig heiß und feucht. In diesem tropischen Regenwaldklima gibt es keine Jahreszeiten. Zu den Wendekreisen hin nehmen die Niederschläge jedoch ab. Mit zunehmender Dauer der Trockenzeit unterscheiden wir Feucht-, Trocken- und Dornsavannen.

In den Hochgebirgen herrschen Klimate, in denen mit zunehmender Höhe die Durchschnittstemperatur sinkt und die Einstrahlung steigt.

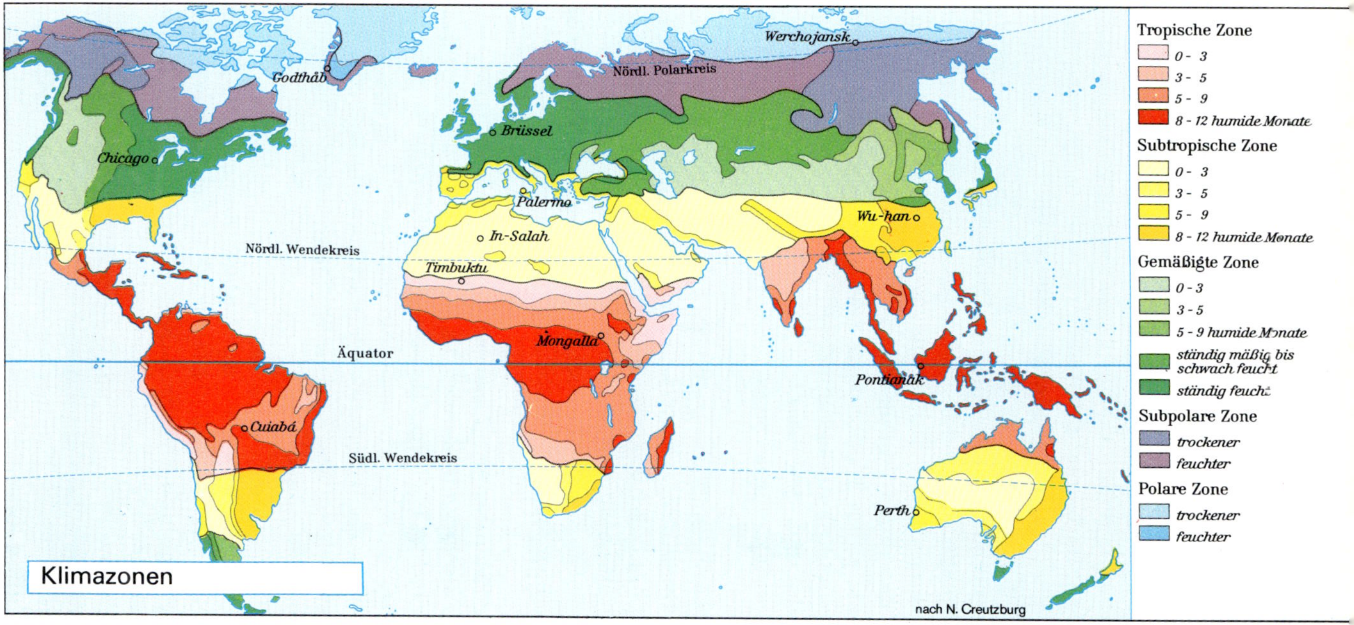

Klimazonen nach Feuchtigkeit bzw. Trockenheit

Tundra

Wo in der Polarzone die Sommerwärme hinreicht, um Eis und Schnee zu schmelzen, können Pflanzen wachsen. Flechten und Moose überziehen die Felsen, in Senken und Tälern gedeihen Zwergbirken, Weiden, Moos- und Preiselbeeren. Die Tundra (finnisch: tunturi = kuppige Hügel) ist eine baumlose Landschaft (»Kältesteppe«).

Kennzeichnend für die Tundra ist der Dauerfrostboden. Damit wird eine Naturerscheinung bezeichnet, die auf die langen und kalten Winter zurückzuführen ist. Der Tundraboden gefriert bis in große Tiefen. Während des kurzen Sommers taut er nur an der Oberfläche auf (Auftauboden). Das Schmelzwasser kann somit nicht in den Boden einsickern. Deshalb ist der Auftauboden trotz der geringen Niederschläge sehr stark durchfeuchtet. Humus kann sich unter diesen Bedingungen nur begrenzt bilden.

Durch niedrigen Wuchs paßt sich das Pflanzenleben den eng gesetzten Grenzen an. Dadurch wird den häufigen Schneestürmen nur eine geringe Angriffsfläche geboten. Außerdem bleibt die Verdunstung niedrig. Pflanzen mit tiefgehenden Wurzeln können nicht wachsen. Immergrüne Pflanzen sind indessen im Vorteil, weil sie das schwache Licht- und Energieangebot bestmöglich nutzen können.

In der Tundra ist der Landschaftshaushalt sehr anfällig gegen Störungen durch den Menschen. Das schwächste Glied ist die Pflanzenwelt, denn der Pflanzenwuchs ist auf die ungewöhnlichen Wachstumsbedingungen fein abgestimmt. Auf dem Dauerfrostboden dauert die Erneuerung des Bewuchses nach Beschädigungen Jahrzehnte bis Jahrhunderte. Vorher aber kann die Erosion verheerende Wunden in den Boden gerissen haben.

Die Tundren bilden rings um das Nordpolarmeer einen 50–200 km breiten Gürtel. Auf der Südhalbkugel ist diese Landschaftsform nicht ausgeprägt, weil in der entsprechenden geographischen Breite das Festland weitgehend fehlt.

Zu den Polen hin schließt sich an die Kältesteppe der Tundra die Kältewüste an. Dieses Kernland der Polargebiete in der Arktis und Antarktis ist mit ewigem Eis bedeckt.

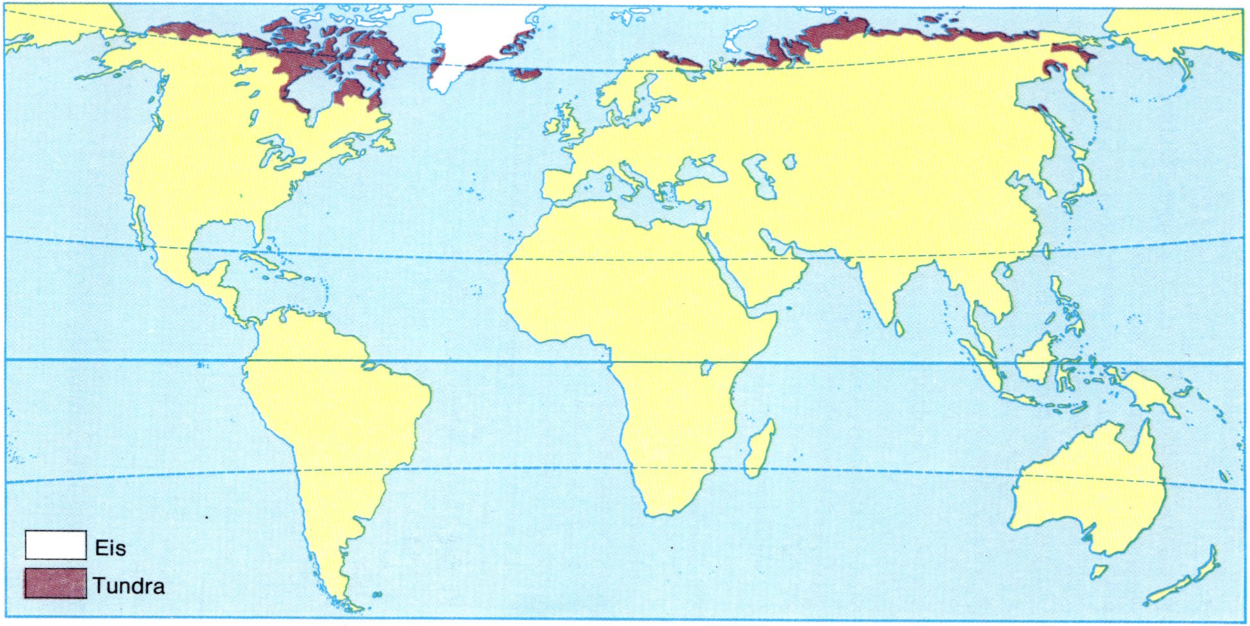

Verbreitung der Tundra und des ewigen Eises

Wälder der Mittelbreiten

Wälder prägen das Landschaftsbild in der gemäßigten Klimazone auch heute noch, sofern der Mensch sie nicht in Kulturlandschaften umgestaltet hat. Nur durch das Meer unterbrochen zieht sich auf der Nordhalbkugel über Nordamerika und Eurasien ein breiter Waldgürtel. Auf der Südhalbkugel ragen nur die Südspitze von Amerika, der Südosten Australiens und einige südostwärts von Australien liegende Inseln in die Mittelbreiten hinein.

Über Hunderte von Quadratkilometern dehnen sich südlich der Tundra die Tannen-, Fichten- und Lärchenbestände des nördlichen oder borealen Nadelwaldes (griechisch: boreas = Nordwind) aus. Eingesprengte Laubbäume wie Birken und Espen lockern den gleichförmigen und artenarmen Nadelholzbestand etwas auf. Die Bäume bilden ein einschichtiges Kronendach. Dadurch wird die Holzwirtschaft begünstigt. Die Bäume wachsen infolge des langen Winters langsam, dabei entsteht ein dichtes und wertvolles Holz.

An die kurzen Sommer sind die immergrünen Nadelbäume gut angepaßt, denn so können sie die Sonnenwärme voll ausnutzen. Im Winter würden die Bäume bei gefrorenem Boden vertrocknen, wenn die Verdunstung an den Blättern nicht durch die kleine Oberfläche der Nadeln und eine aufgelagerte Wachsschicht verhindert wäre.

Die Laub- und Mischwälder gedeihen südlich des borealen Nadelwaldes auf den West- und Ostseiten der Kontinente. Das warm- bis kühlgemäßigte und niederschlagsreiche Klima ermöglicht einen jahreszeitlichen Laubwechsel, man spricht deshalb vom sommergrünen Laubwald. Unter diesen günstigen Bedingungen ist der Wald vielfältig entwickelt. Die Baumschicht wird von Eiche, Esche, Ahorn, Linde, Buche, Ulme gebildet. Die Buche liebt das mildere Seeklima. Sie wächst in Europa nur bis zur Weichsellinie. Die Eiche beansprucht weniger Nährstoffe und verträgt strengere Winter. Sie wird deshalb in den Eichen-Kiefern-Mischwäldern des Norddeutschen Tieflandes und in Osteuropa tonangebend.

In der Laub- und Mischwaldregion wurden überall auf der Erde durch den Menschen seit Generationen die Urwälder in Forste umgewandelt. Große Waldflächen wurden auch gerodet.

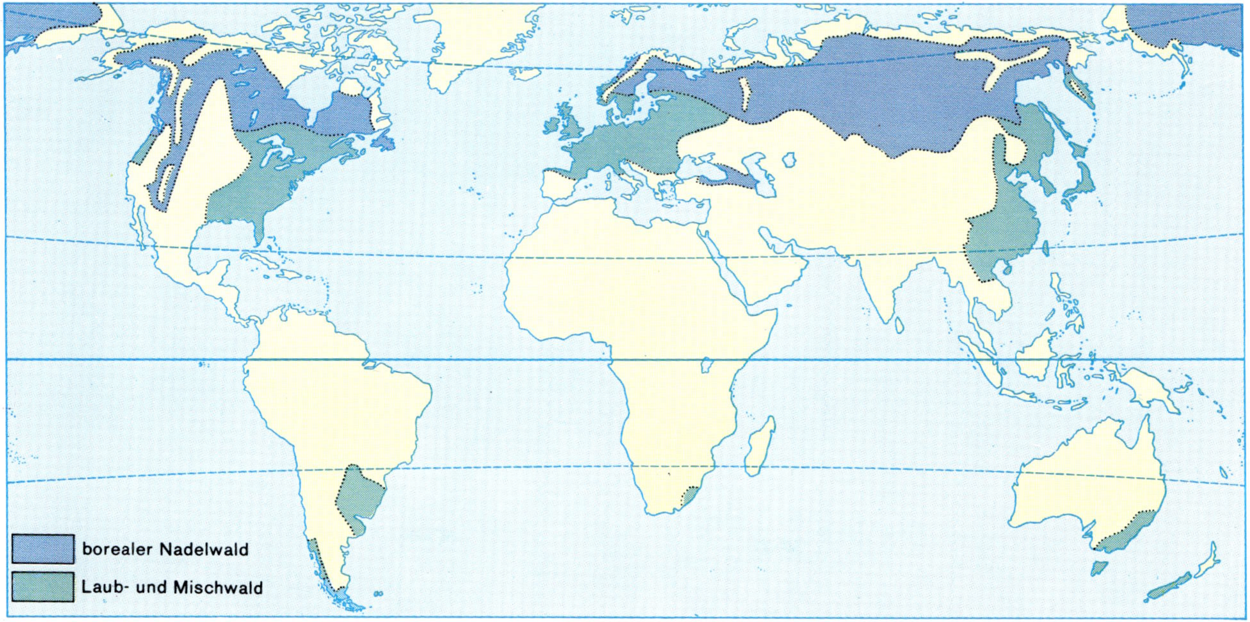

Verbreitung der Wälder der mittleren Breiten

Mittelmeerklima

Wenn wir sonnenhungrigen Mitteleuropäer das Wort »Mittelmeer« hören, denken wir sofort an trockene, heiße Sommer, die einen optimalen Badeurlaub garantieren. Selbst die Winter sind noch mild, wenn auch nicht niederschlagsfrei.

Der Mittelmeerraum liegt im Winter im Bereich der feuchten Westwinde; das im Sommer aufgeheizte Meerwasser gibt fast den ganzen Winter über seine gespeicherte Wärme langsam an die Umgebung ab, so daß der Winter erträglich mild bleibt. Im Sommer liegt das gesamte Mittelmeergebiet im Bereich des »Azorenhochs« innerhalb der »Roßbreiten«; dies garantiert den trockenen Sommer. Das »Wechselklima« des europäischen Mittelmeeres findet sich auf unserer Erde nur an den Westseiten der Kontinente (wo im Winter die von den Westwinden herangetragenen feuchten Luftmassen zu Niederschlägen führen) und an der Nahtstelle zwischen den Mittelbreiten (mit Westwinden im Winter) und den tropischen Trockenzonen (mit sommerlicher Trockenheit): Kalifornien auf der Nordhalbkugel, Mittelchile, Kapland und SW-Australien auf der Südhalbkugel. Der Wechsel hängt mit dem »Wandern des Sonnenhöchststandes« zusammen.

Ausdehnung und Ursachen des Mittelmeerklimas ▷ ▽

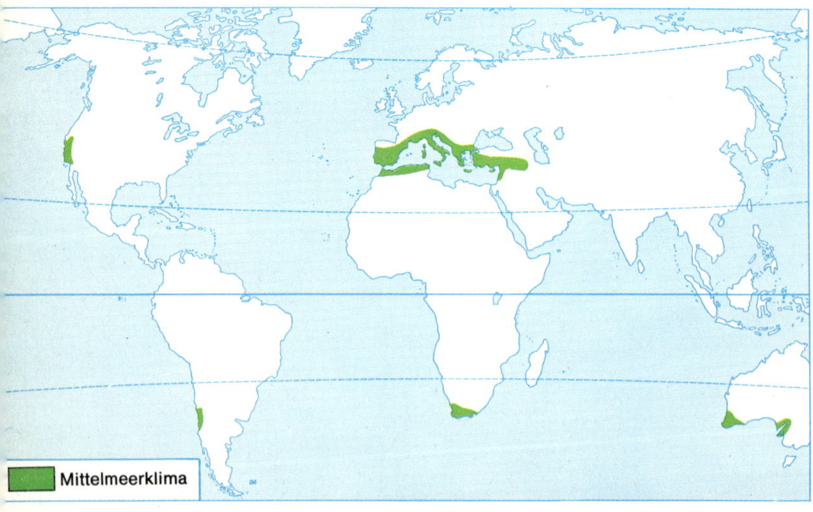

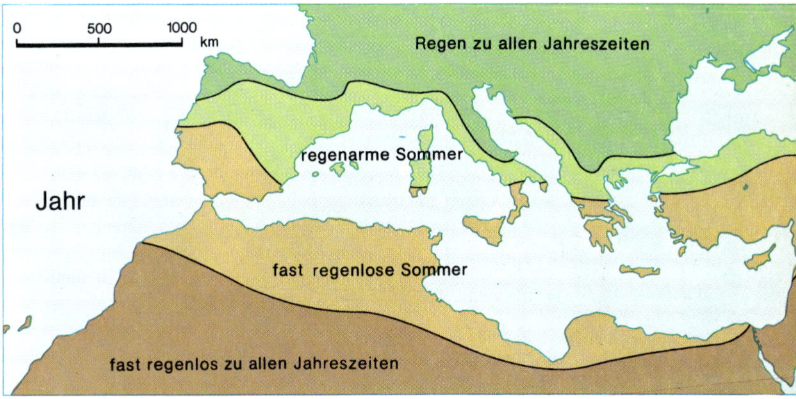
0
500
1000
km
Regen zu allen Jahreszeiten
regenarme Sommer
Jahr
fast regenlose Sommer
fast regenlos zu allen Jahreszeiten

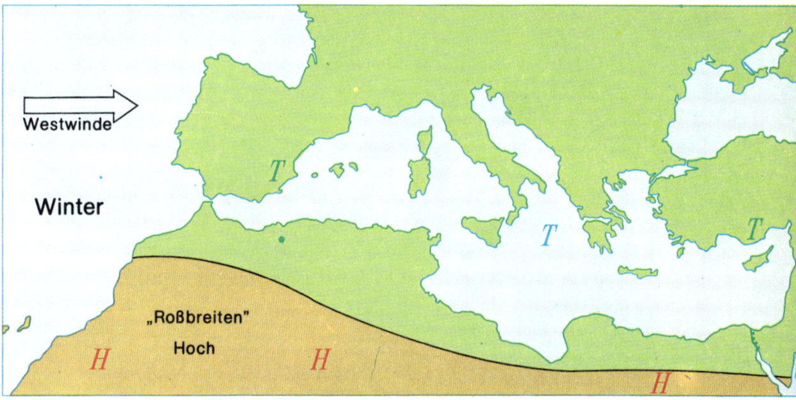
Westwinde
T
Winter
T
T
„Roßbreiten"
Hoch
H
H
H

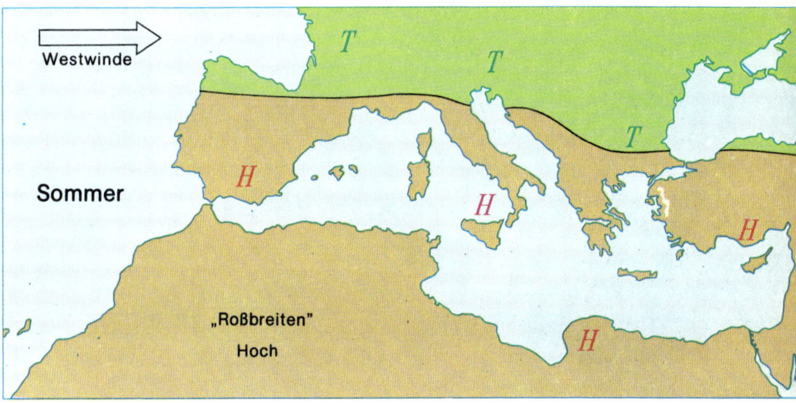
Westwinde
T
T
T
H
Sommer
H
H
„Roßbreiten"
Hoch
H

Steppen / Wüsten / Savannen

In den Binnengebieten der Kontinente fehlt in den Mittelbreiten der ausgleichende Einfluß des Meeres. Bei entsprechender Sommerwärme und abnehmendem Niederschlag nimmt die Trockenheit zu. Das Waldland geht allmählich in Steppenland über. In der Steppe wachsen Gräser und Kräuter. Sie grünen und blühen im Frühjahr, wenn der Boden nach der Schneeschmelze mit Feuchtigkeit angereichert ist. Im heißen Sommer liegt die Steppe als Dürregebiet da. Die Steppengräser wachsen in Horsten; eine geschlossene Grasdecke ist nicht vorhanden.

Zu den Grasländern der Mittelbreiten zählen die Prärien in Nordamerika, die Pampa in Argentinien und die Steppen der Ukraine, in Mittelasien und der Mongolei. Demgegenüber breiten sich die Savannen (spanisch: sabana = Grasebene) in den wechselfeuchten Tropen von Südamerika, Afrika, Asien und Australien aus.

Im einzelnen zeigen die Savannen ein verschiedenartiges Bild. Je nach der Dauer der Trockenzeit ergibt sich eine Reihe von der Feuchtsavanne über die Trockensavanne zur Dornsavanne. Die Bäume und Sträucher verlieren während der Trockenzeit ihr Laub. Sie schützen sich in der Regenzeit durch fiederblättriges Laub und weitausladende Schirmkronen vor zu starker Verdunstung. Manche Bäume speichern im Stamm Wasser.

In der Feuchtsavanne besteht die Grasdecke aus harten, bis zu drei Meter hohen Gräsern, die in Büschelform wachsen. In der Trockensavanne bedecken kurze Gräser nur locker den Boden, die Baumgruppen werden seltener. Schließlich löst sich die Grasdecke in der Dornsavanne in einzelne weitständige Grasbüschel auf. Dornsträucher bilden nicht selten ein dichtes Gestrüpp. Wo längs der Flüsse das Grundwasser genügend Feuchtigkeit spendet, können sich vor allem in der Feuchtsavanne noch immergrüne Waldstreifen halten, die dem tropischen Regenwald ähnlich sind. Sie werden Galeriewälder genannt.

Im Bereich der Wendekreise dehnen sich vor allem in Nord- und Südafrika, Vorderasien und Australien Wüsten aus. Die Pflanzenwelt der Wüste besteht aus wenigen trockenheitsliebenden Gräsern, Kräutern und Dornsträuchern; in weiten Bereichen der Kernwüste fehlt jeglicher Bewuchs.

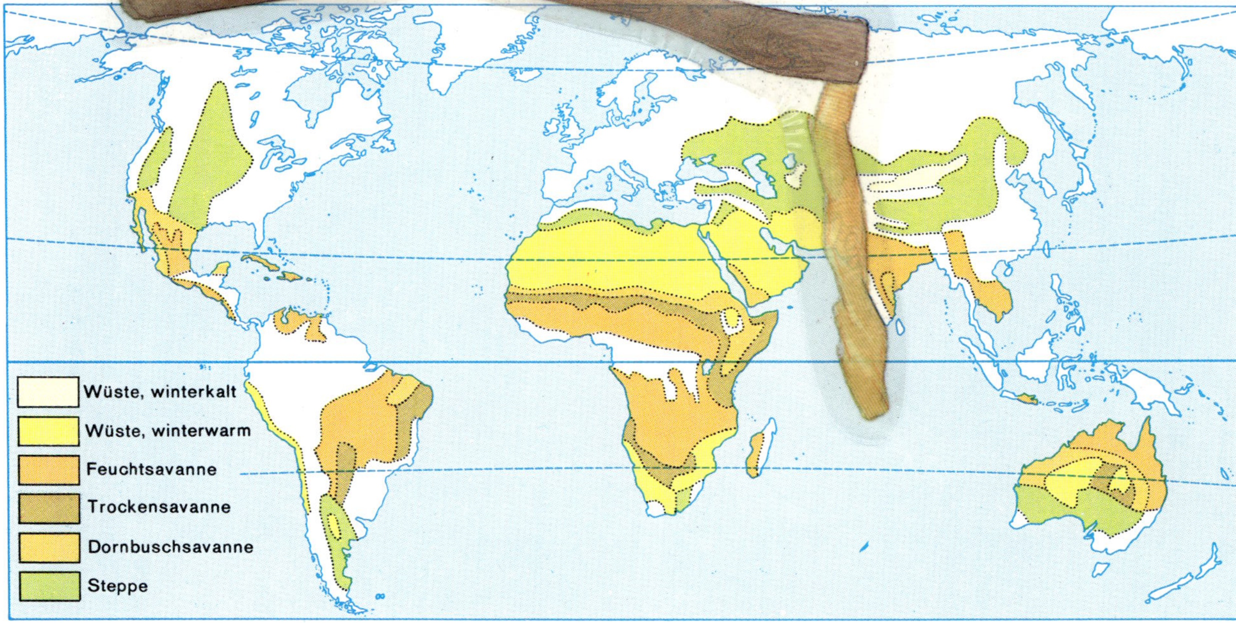

Ausdehnung der Wüsten, Savannen und Steppen

Tropischer Regenwald

Die großartigste Pflanzengemeinschaft der Erde finden wir im tropischen Regenwald vor uns. In der feuchtheißen Treibhausluft der inneren Tropen können alle Pflanzen einschließlich der Bäume ständig blühen und Früchte tragen. Ununterbrochen wechseln die immergrünen Pflanzen ihr Laub, so daß die ganze Farbskala des Grüns vorkommt. Viele Bäume tragen große farbige Blüten in ihren Baumkronen. Hinzu kommt die Fülle der Baumarten. Selten wachsen Bäume der gleichen Art zu mehreren Exemplaren dicht beieinander. Die Urwaldriesen unter ihnen stützen sich auf Brettwurzeln, die eine schnelle Nährstoffaufnahme ermöglichen und das »Stehvermögen« der bis zu 50 m hohen Bäume in dem weichen Urwaldboden begünstigen.

Der tropische Regenwald baut sich in fünf Stockwerken übereinander auf. Die Triebfeder des Wachstums ist der Lichtmangel im Regenwald. Deshalb überzieht den Urwaldboden ein dichter, verfilzter Teppich von Moosen, Farnen und Kräutern mit geringem Lichtanspruch. Die Kräuter erreichen bis zu 6 m Höhe, sie müssen jedoch mit 1 % des Sonnenlichtes auskommen. Selbst die Sträucher schießen wegen des Lichtmangels nach oben, denn in 20–30 m Höhe bilden die immergrünen Waldbäume ein geschlossenes Kronendach. Nur die Urwaldriesen ragen darüber hinaus. Es sind schlankwüchsige Bäume, die sich erst über der Baumschicht verzweigen.

Die Baumkronen werden von Aufsitzerpflanzen als von der Sonne beschienene Vorzugsplätze benutzt. Zu diesen Baumschmarotzern zählen die Familien der Orchideen und Bromeliaceen. Ebenso streben die Lianen, indem sie sich an den Baumstämmen aufwärtswinden, zum Licht.

Der tropische Regenwald überzieht riesige Gebiete beiderseits des Äquators in den Selvas des Amazonastieflandes, dem größten zusammenhängenden Wald der Erde. Der tropische Regenwald gedeiht auch in Afrika an der Oberguineaküste und im Kongobecken. Er wächst an der Malabarküste von Indien in einem Streifen von Bombay bis zur Südspitze. Außerdem finden wir ihn an der Westseite von Hinterindien und auf den Inseln des Malaiischen Archipels. An der Ostseite von Südamerika, Südafrika und Australien reicht der Regenwald bis in subtropische Gebiete hinein.

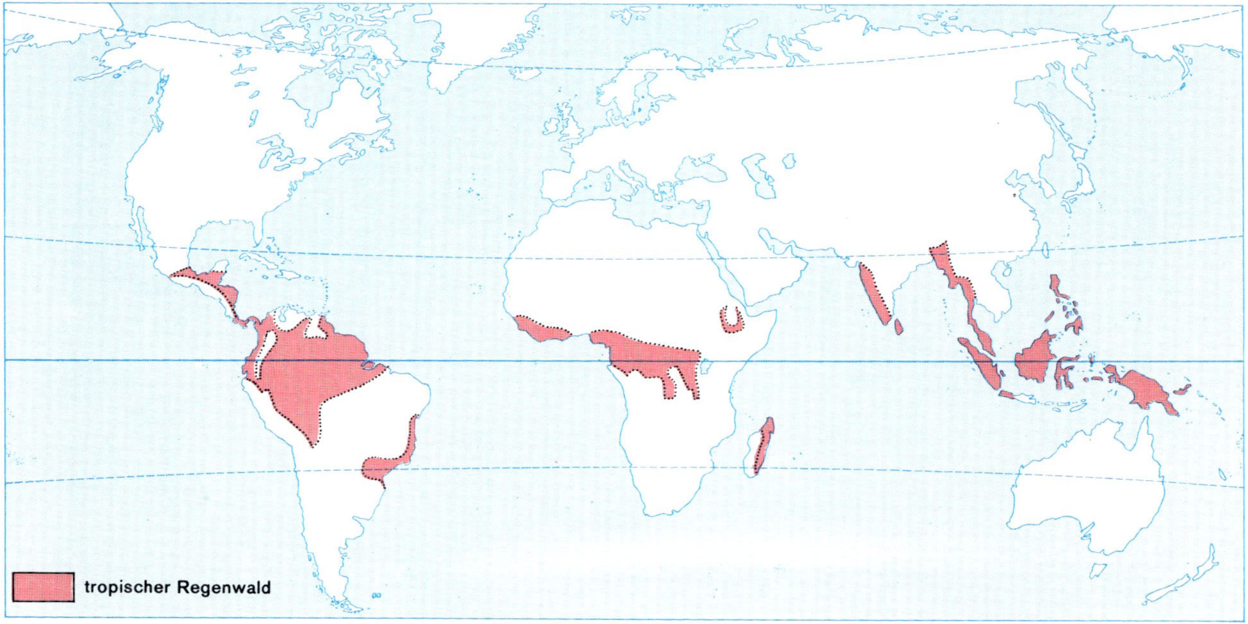

Verbreitung des innertropischen Regenwaldes

Vegetationszonen

Viele Landschaften der Erde erhalten ihre entscheidende Gestaltung durch den Menschen. Im Landschaftsbild tritt aber neben den Oberflächenformen besonders das Pflanzenkleid hervor. Deshalb wurde in den voraufgegangenen Karten die Verbreitung einzelner Pflanzengemeinschaften über die feste Landoberfläche dargestellt. Alle zusammen ergeben die Vegetation der Erde.

Das Klima einer Landschaft kann man nicht unmittelbar wahrnehmen, es wird von den Klimatologen anhand von Temperatur- und Niederschlagsmessungen berechnet. Aber das Klima beeinflußt maßgebend das Pflanzenkleid in den einzelnen Erdräumen. Für das Wachstum der Pflanzen sind die jahreszeitlichen Schwankungen der Temperatur sowie der Verteilung und der Umfang der Niederschläge besonders wichtig. In dauernd heißen Gebieten mit reichlichen Niederschlägen während des ganzen Jahres gedeiht eine üppigere Pflanzenwelt als in Gebieten mit ebenso hoher Wärme, aber jahreszeitlicher Verteilung des Regens nach der Regenzeit und Trockenzeit. Wir sehen, die Vegetationsformen sind vom Klima abhängig.

Wie das Klima sich in Zonen über die Erde hinzieht, so zeigen auch die Pflanzengemeinschaften eine zonale Anordnung. An den Polkappen liegen die Kältewüsten und Kältesteppen. Sie bedecken rund 16 % der Landfläche. Darauf folgen auf 38 % der Landfläche die Mittelgürtel mit den borealen Nadelwäldern, den Laub- und Mischwäldern, den Hartlaubgehölzen sowie den winterkalten Steppen und Wüsten. Etwa zwischen den Wendekreisen dehnen sich die winterwarmen Steppen und Wüsten, die Savannen und der tropische Regenwald aus. Sie umfassen etwa 46 % der Landfläche. Davon entfallen 20 % auf die Steppen und Wüsten.

Je nach den Erscheinungsformen der Vegetation unterscheiden wir zwischen Gras-, Kraut-, Strauch- und Baumformationen. Zwei große Waldzonen umschließen die Erde: der Regenwald der tropischen Zone und die Laub-, Misch- und Nadelwälder der gemäßigten Zone. Dazwischen liegen die Gras- und Krautformationen der Steppen, die Busch- und Grasformationen der Savannen und die vegetationsarmen Wüsten. Am Rande der polaren Zone finden wir die baumlose Formation der Tundra.

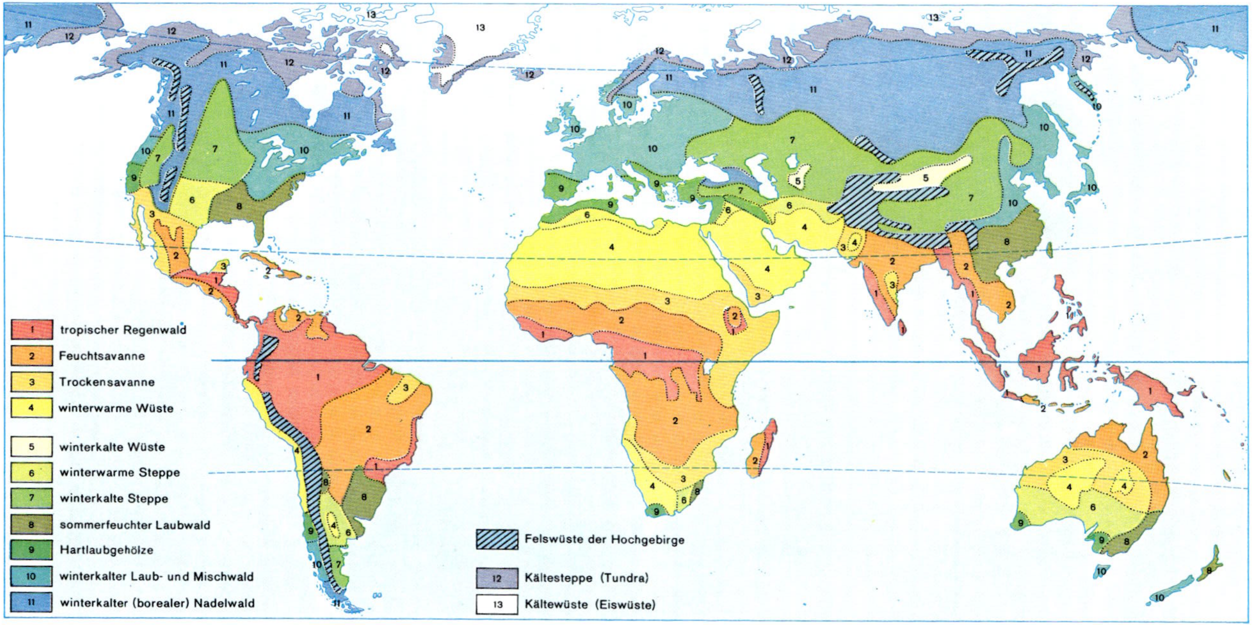

Vegetationszonen

Ausbreitung des Anbaus

Die Entstehung des Feldbaus und der Viehzucht ist ein bedeutender Einschnitt in der Menschheitsgeschichte. Viele hunderttausend Jahre zuvor haben die Menschen als *Jäger* und *Sammler* gelebt und nur die Nahrungsmittel genutzt, die ihnen die verschiedenen Naturlandschaften boten. Wie sich der Landbau entwickelt und ausgebreitet hat, wird von der Forschung noch nicht einheitlich beantwortet.

Gesichert scheint, daß die jüngere Steinzeit den ersten Übergang von der bloßen Aneignungswirtschaft zur eigenen Produktion von Nahrungsgütern bringt. Das Zentrum liegt zunächst im südasiatischen tropischen Waldland mit dem Anbau von Knollenfrüchten, die sich durch Stecklinge fortpflanzen lassen. Auch kleinsamige Gräser werden schon früh kultiviert, insbesondere die Hirse mit Sekundärzentren des Anbaus in waldfreien Gebieten. Diese Entwicklung zeigt sich auch in Amerika mit dem Mais als Samenpflanze, wobei umstritten ist, ob hier eine unabhängige Entstehung oder eine Kulturübertragung vorliegt.

Mit diesem Übergang zum Pflanzenbau, der sich sehr langsam über viele Jahrtausende hinzieht, ist zwangsläufig eine Bodenbearbeitung, die Beseitigung der natürlichen Vegetation durch Brandrodung und eine Seßhaftigkeit wenigstens für die Anbauperiode verbunden. Als technische Hilfsmittel stehen der Grabstock, der Pflanzstock oder die einfache Hacke zur Verfügung. Noch heute ist diese Anbauform in den Tropen weit verbreitet.

Der nächste Entwicklungsschritt in der Landnutzung ist der Getreideanbau mit *Pflugkultur,* der sich wahrscheinlich im Orient vollzogen hat. Der Getreideanbau ist älter als die Anwendung des Pfluges, welcher für das 4. vorchristliche Jahrtausend im iranisch-mesopotamischen Raum nachgewiesen ist. Er ist dort mit Gerste- und Emmeranbau sowie Großviehhaltung verbunden. Erst nach seiner vollen Entwicklung breitet sich der Pflugbau von Vorderasien nach Afrika und in den ostasiatischen Raum aus. Dort erreicht er aber nicht die Intensität wie in Europa, wo er zum Träger der bäuerlichen Siedlungsbewegung wird.

Später entwickelte sich das nordwestliche Europa zum neuen Zentrum für die Weltagrarwirtschaft, denn hier wurde deren Technisierung eingeleitet und von hier über die Welt verbreitet.

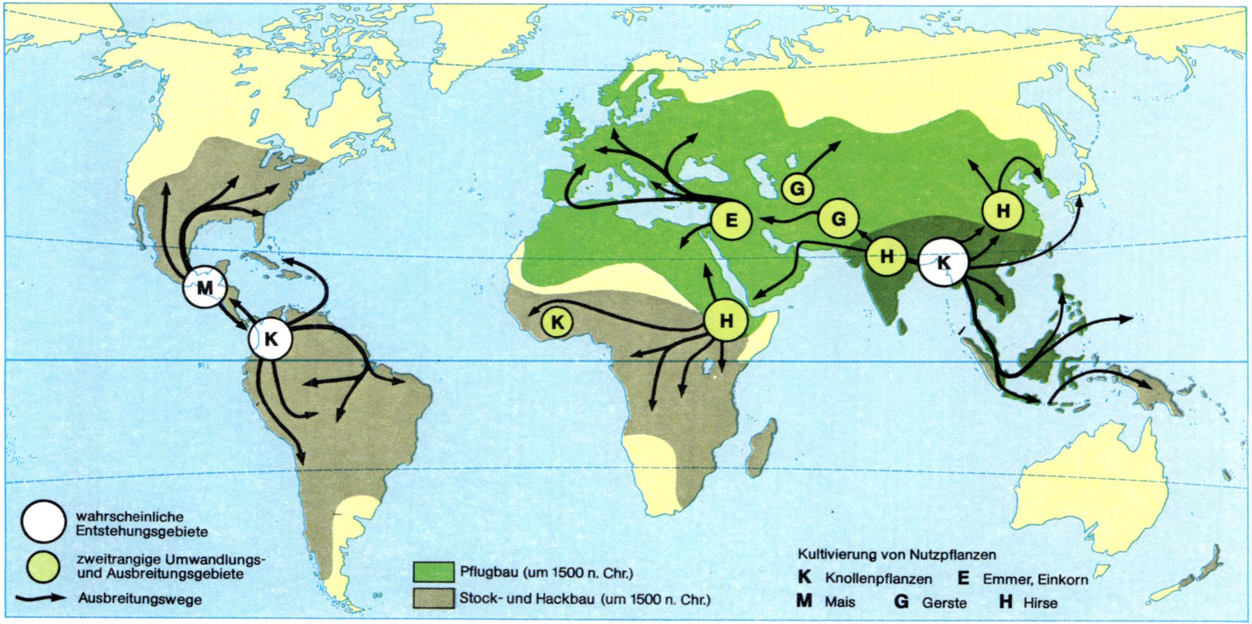

Entstehungsgebiete und Ausbreitung des Anbaus

Hack-/Pflugbau

Der Anbau auf der Erde weist eine traditionelle Zweiteilung in Hack- und Pflugbau auf. Während sich die Verbreitung des Hackbaus auf ein wechselnd breites Band beiderseits des Äquators erstreckt (tropischer Hackbaugürtel), ordnet sich das Verbreitungsgebiet der Pflugbaukultur nördlich davon an und reicht bis an die polaren Grenzen des Ackerbaus. Im Laufe der historischen Entwicklung haben sich die Grenzen zwischen beiden infolge der Ausweitung/Überlagerung durch den Pflugbau, wenn auch regional unterschiedlich, stark verschoben. Um 1500 beschränkte sich der Pflugbau auf die drei Kontinente der Alten Welt. Hier erfaßte er die gemäßigte Zone und den größten Teil der subtropischen Zone; in Nordafrika reichte er in den randtropischen Bereich hinein. Der Hackbau erfaßte neben der tropischen Zone Amerikas, Afrikas und Asiens auf den amerikanischen Kontinenten auch die subtropische Zone, in Nordamerika reichte er weit in den Bereich der gemäßigten Zone hinein. In Südafrika und in Süd- und Ostasien stieß er nur randlich in den subtropischen Bereich vor. Im indisch-südostasiatischen Hackbaugebiet wurde der Hackbau vom (jüngeren) Pflugbau überlagert; beide Anbauformen bestehen nebeneinander. Erst mit der europäischen Kolonialisierung wurde der Hackbau seit der Wende vom 15. und 16. Jahrhundert durch den Pflugbau insbesondere in der Neuen Welt zurückgedrängt oder überlagert. Weite Gebiete der Neuen Welt wurden erst durch den Pflugbau erschlossen.

Kennzeichnend für den Hackbau ist der Anbau von Knollengewächsen (Kassawa, Süßkartoffel, Taro, Yams), Fruchtpflanzen (Banane, Kürbisse, Öl- und Kokospalme), Bohnen und Erbsen. Der Getreideanbau (Hirse, Reis) ist erst nachträglich hier und da vom Pflugbau übernommen worden. Der im amerikanischen Hackbau so wichtige Mais, der vom Pflugbau erst in jüngster Zeit erfaßt wurde, ist seiner Nutzungsform nach eine typische Hackbaupflanze. In der Regel erfolgt die Nutzung in Form von Mischkulturen. Arbeitsgeräte sind Grabstock und Hacke. In den Tropen stellt der Hackbau eine optimale Form der Anpassung an die tropischen Naturbedingungen dar. Charakteristisch für den Pflugbau sind der Getreideanbau, die Großviehzucht mit der Heranziehung der großen Haustiere (Rind, Esel, Pferd, Kamel) zu Arbeitsleistungen und die Verwendung von Fahr- und anderen Zuggeräten.

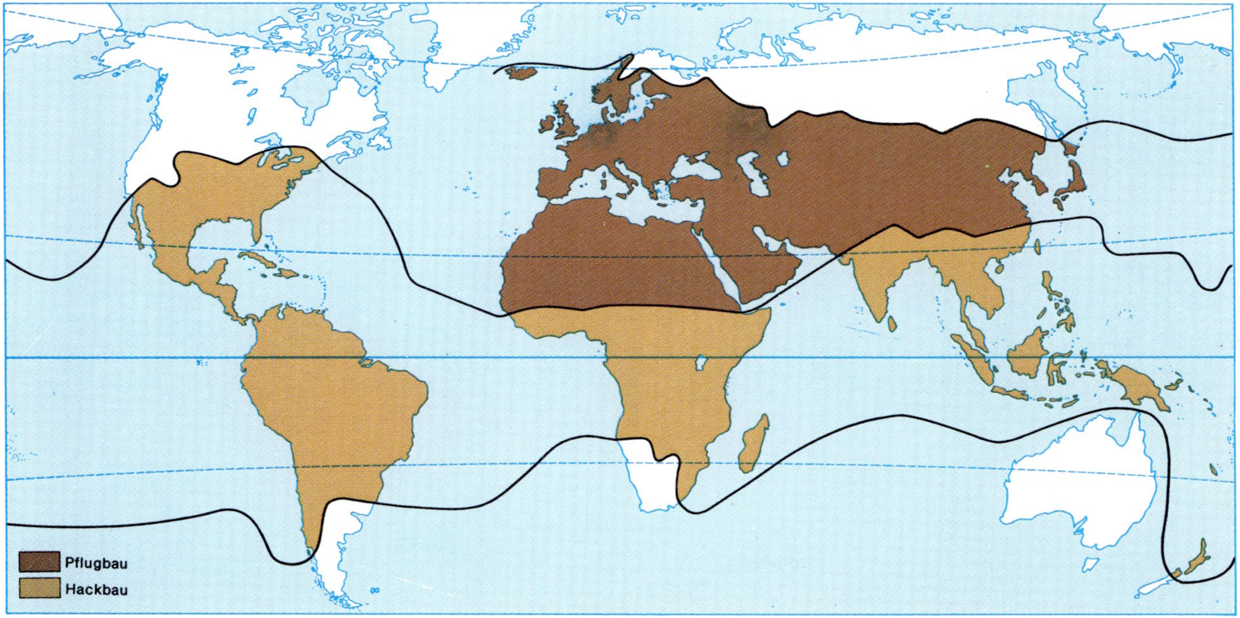

Ausdehnung des Hack- und Pflugbaus um 1500

Grenzen des Anbaus

Der Agrarraum der Erde ist durch ökologische Faktoren begrenzt. In weltweiter Sicht ist es vor allem das Klima, das die Grenzen des Anbaus bestimmt. Man unterscheidet Polargrenzen, Trockengrenzen, Feuchtgrenzen und Höhengrenzen.

Die *Polargrenzen* des Anbaus sind vorwiegend Kältegrenzen. Jede Kulturpflanze hat ihre eigene Grenze des Wärmemangels. Sie liegt z. B. für die Kokospalme bei 15°, für Kakao bei 22°, für Baumwolle bei 38°, für Reis bei 52° und für Weizen bei 63° nördlicher Breite. An der Nordgrenze des Anbaus wird die Vegetationszeit zu kurz, um ausreichende Erträge zu erlauben. Am weitesten dringen Kartoffeln und Sommergerste vor, unter dem Einfluß des Golfstroms bis etwa 70° N.

Auch die *Höhengrenzen* sind Kältegrenzen.

Die *Trockengrenzen* des Anbaus sind von der zur Verfügung stehenden Niederschlagsmenge bestimmt. Entscheidend ist deren Verteilung über das Jahr und die temperaturabhängige Verdunstungsmenge. Wassermangel kann also verschiedene Ursachen haben. Die Niederschlagsmenge an der Trockengrenze schwankt zwischen 250 und 400 mm/Jahr, sie kann bei sehr ungünstiger Niederschlagsverteilung in den Randtropen sogar bei 1000 mm Jahresniederschlag liegen. Auch die Feuchtigkeitsansprüche der Kulturpflanzen sind unterschiedlich; für Gerste bilden etwa 250 mm, für Reis 800 mm das Minimum.

Während polwärts hauptsächlich die Temperaturverhältnisse den Anbau begrenzen, spielen in den niederen Breiten die Niederschläge eine entscheidende Rolle. Dies gilt auch für die äquatornahe *Feuchtgrenze* der inneren Tropen, wo über 2000 mm, z. T. sogar über 4000 mm Jahresniederschlag fallen. Diese extreme Feuchtigkeit bewirkt bei den dort herrschenden hohen Temperaturen u. a. einen sehr raschen Abbau organischer Substanz im Boden. Die gerodeten Felder erleiden dadurch schon nach zwei bis drei Jahren einen starken Ertragsrückgang.

Alle diese Anbaugrenzen sind keine starren Grenzlinien, sondern durch ökonomisch-technische Maßnahmen (z. B. Bewässerung, besondere Bodenbearbeitungsmethoden, Züchtung neuer Pflanzensorten u. a.) weitet der Mensch die Nutzfläche über sie hinweg aus.

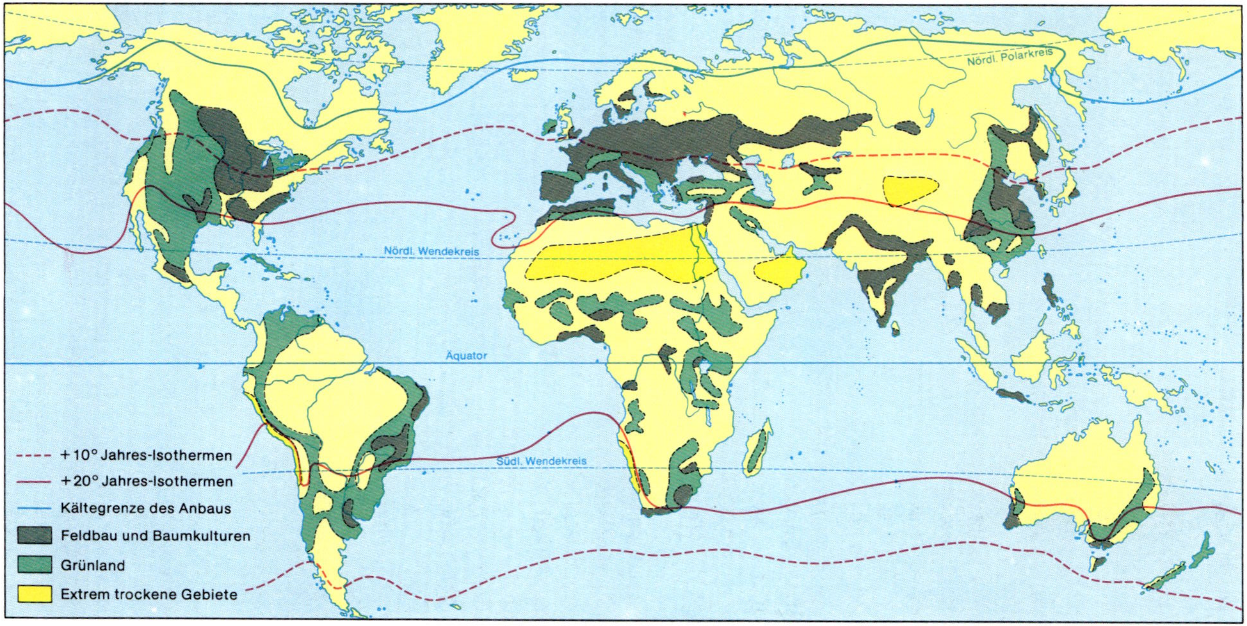

Kälte- und Trockengrenzen des Anbaus

Trockenheit / Dauerfrost

Die *Trockengebiete* nehmen etwa 30 % der Landoberfläche ein.

Das Vorhandensein von Wasser bestimmt die agrarische Nutzung. In der Trockensavanne erlauben 3½–6 Monate mit ausreichend Niederschlag beschränkten Regenfeldbau, also Ackerbau ohne Bewässerung. Im Gegensatz dazu liegt die Dornsavanne mit bis zu einem Monat ausreichender Feuchte jenseits der agronomischen Trockengrenze; sie kann nur durch eine anspruchslose Viehhaltung genutzt werden. In der Halbwüste und Wüste ist nur noch eine punktuelle Nutzung in Oasen möglich.

Trotz Wassermangel wird in den Trockengebieten durch Bewässerung (z. B. aus Fremdlingsflüssen, Speicher- oder Grundwasser) und angepaßte Landnutzungsmethoden (z. B. durch Trockenbrache oder Nomadismus) Landwirtschaft möglich. Zu hohe Wasserentnahme oder zu intensive Bodennutzung können aber das labile Ökosystem dieser Regionen erheblich stören. So ist der weltweit beobachtbare Prozeß der Wüstenausbreitung (Desertifikation) eine Folge der Ausweitung des Ackerbaus in die Weidezone. Aufgrund der starken Bevölkerungsvermehrung kam es im Verlauf einer Folge von feuchteren Jahren zu einem intensiveren Anbau, zu einer Einengung der Weidegebiete und zur flächenhaften Vernichtung der Vegetation. Als der – überdurchschnittliche – Regen ausblieb, hatte die einsetzende Dürre katastrophale Folgen für Menschen und Tiere (z. B. Sahel-Katastrophe in Afrika).

Auch der Bewässerungsfeldbau ist nicht ohne Risiken und kann zu dauerhaften Landschaftsschädigungen führen. Die hohe Verdunstung bewirkt eine Anreicherung von Salzen im Oberboden oder an der Bodenoberfläche und verursacht in weiten Teilen der Trockengebiete auch schon ohne Eingriffe des Menschen *Salzböden*.

Neben der Trockenheit gehört der *Frost* zu den Faktoren, die das Pflanzenwachstum stark beeinträchtigen. Ebenso wie ständige Trokkenheit ist auch ständige Kälte lebensfeindlich. Dies wirkt sich insbesondere in der Zone des Dauerfrostbodens aus, in der das Bodenwasser nur für kurze Zeit im Sommer einige Zentimeter auftaut. Dennoch reicht diese Sommerwärme aus, um die Baumgrenze weiter polwärts verlaufen zu lassen als die Grenze des Dauerfrostbodens.

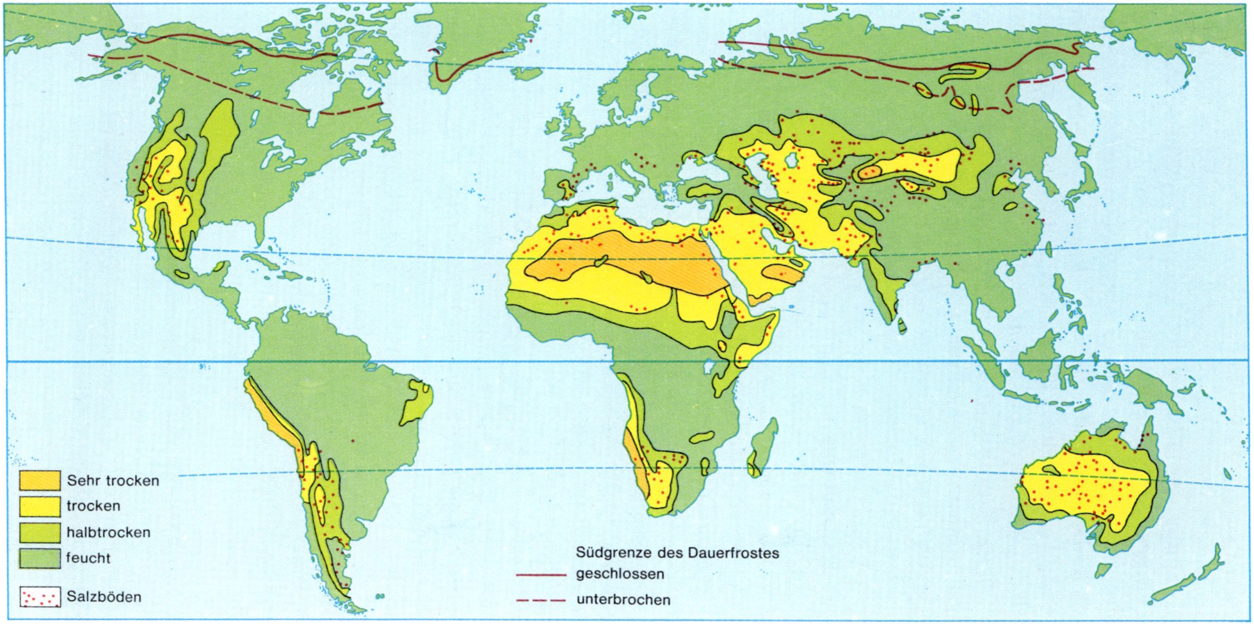

Trockenräume, Salzböden und Dauerfrostboden

Landnutzung

Etwa zwei Drittel der Anbaufläche der Erde entfallen auf die gemäßigten Breiten der Nordhalbkugel. Hier erlauben Temperatur und Niederschlag am ehesten die ideale Kombination von Anbau und Viehwirtschaft. Der Charakter dieser Feldbauzone ist geprägt vom Nebeneinander von Getreide, Hackfrüchten und Grünland, wobei die Viehwirtschaft sowohl am Grünland als auch am Feldland Futteranteil hat. Trotz dieser Nutzungsvielseitigkeit bestimmt das Getreide das Anbaugefüge, weshalb man auch von der »Brotgetreidezone« spricht. Nach Norden und zum Kontinentinnern nehmen die Möglichkeit des Getreidebaus sowie die Intensität der Viehwirtschaft ab.

Dort liegt der Übergang zur subtropischen Landbauzone. An der Westseite der Kontinente nutzt der mediterrane Anbau die höheren Temperaturen und die winterlichen Niederschläge. Gerste, Weizen und Mais sind die vorherrschenden Feldkulturen. Hinzu kommen die für dieses Gebiet typischen Baum- und Strauchkulturen wie Obst, Agrumen, Olive und Wein. An den Ostseiten der Kontinente herrschen dagegen im Sommer unter Monsuneinfluß nahezu tropische Bedingungen; sie ermöglichen den Anbau von Reis, Mais, Hirse, Hülsenfrüchten, ferner von Tabak, Baumwolle, Soja usw.

In der tropischen Feldbauzone wird der Anbau von den Niederschlagsjahreszeiten geprägt, im Gegensatz zu dem Feldbau nach Temperaturjahreszeiten außerhalb der Wendekreise. Nur in wenigen Gebieten der Tropen sind die Niederschlagsmengen so über das Jahr verteilt, daß eine über die Selbstversorgung erheblich hinausgehende Bodennutzung möglich ist. In den feuchten Tropen sind allerdings mehrere Ernten pro Jahr die Regel. Von den Feldgetreidearten sind vor allem Reis, ferner Mais und Hirse zu nennen. Außerdem gedeihen hier einige weltwirtschaftlich wichtige Baum- und Strauchkulturen wie Zuckerrohr, Kaffee, Kakao, Tee und Kautschuk.

In allen Grenzsäumen der Feldbauzonen finden sich Weidewirtschaftsgebiete. Die dort vorhandene natürliche Vegetation wird durch Tierhaltung genutzt. Die Weidegebiete umsäumen als Schaf-, Kamel-, Rind- und Ziegenweide die Trockengrenze, als Schaf-, Lama-, Alpaka-, Rind- und Ziegenweide die Höhengrenze, als Schaf- und Renweide die Polargrenze.

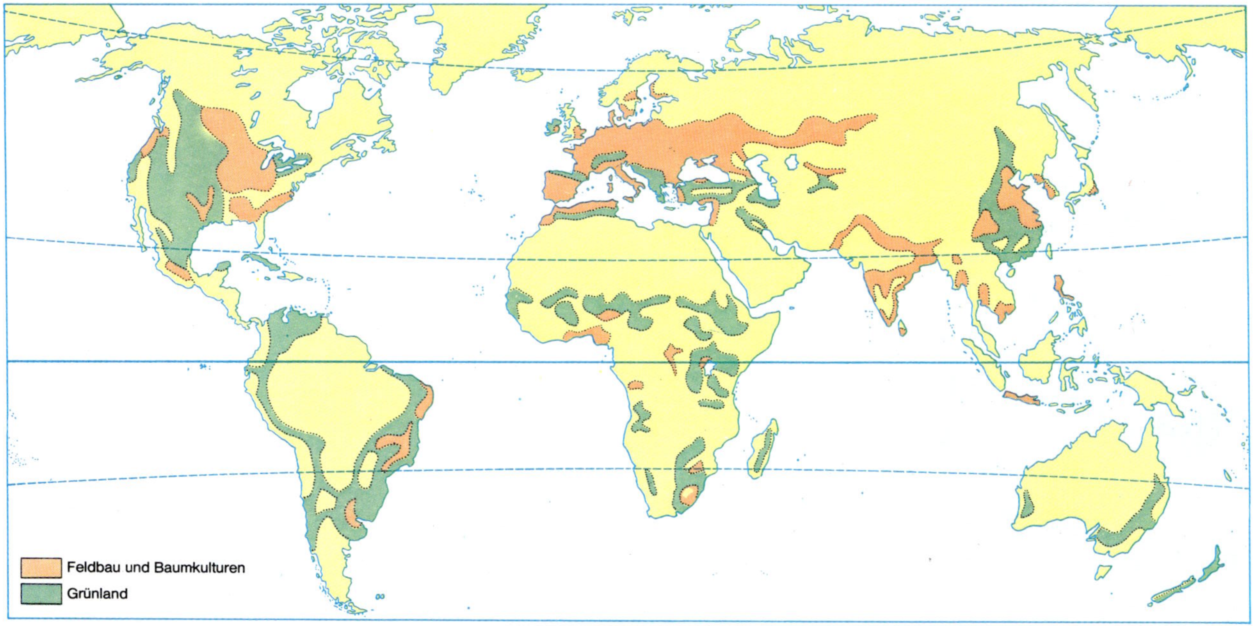

Hauptanbaugebiete und Grünland

Getreideanbau

Die verschiedenen Getreidearten nehmen als Grundnahrungsmittel eine vorrangige Stellung ein. Gegenüber den Knollenfrüchten haben sie eine höhere biologische Wertigkeit, zudem können sie als Korn lange gelagert und über große Entfernungen transportiert werden.

Für die meisten Menschen auf der Erde ist der *Reis* die Ernährungsgrundlage. Die Zentren des Reisanbaus liegen in Monsunasien, wo die hohen Ansprüche der Reispflanze in bezug auf Wärme, Sonnenlicht und Feuchtigkeit erfüllt werden können. Unter den Bedingungen des Regenfeldbaus kann in der Regel nur eine Ernte erzielt werden, durch zusätzliche Bewässerung sind mit neuen Reissorten aber bis zu drei Ernten im Jahr möglich. Der Reisbedarf in der Welt hat dazu geführt, daß auch außerhalb Monsunasiens der Reisanbau eine beachtliche Ausdehnung erfahren hat, so z. B. im Mittelmeerraum, in Südamerika und in den USA.

Der *Weizen* ist das traditionelle Brotgetreide im Nahen und Mittleren Osten, im Mittelmeergebiet und fast überall in Europa. Sein ursprüngliches Hauptanbaugebiet liegt in den feuchteren gemäßigten Breiten, wo in Fruchtwechselwirtschaft die höchsten Flächenerträge erzielt werden. Aber auch in den wechselfeuchten und trockeneren Gebieten aller Kontinente werden bedeutende Weizenmengen geerntet (z. B. Indien, China, Argentinien). Die größten Anbaugebiete finden sich in Nordamerika und in der UdSSR, wo auf riesigen Flächen der Weizen eine Monokultur darstellt.

Der *Mais* hat sich von seiner amerikanischen Heimat aus eine bedeutende Stellung in der weltweiten Getreidewirtschaft erobert. Er dient nicht nur als hochwertiges Viehfutter, sondern auch der menschlichen Ernährung. Mais verlangt ein sommerwarmes Klima und reichlich Niederschläge in der Vegetationszeit. Diese Bedingungen finden sich im unbestrittenen Zentrum des Maisanbaus, den Central Plains der USA, wo nahezu die Hälfte der Weltproduktion geerntet wird. Weitere Hauptanbaugebiete sind China, Brasilien und Argentinien, aber auch Süd- und Südosteuropa.

Die übrigen europäischen Getreidearten (Roggen, Gerste, Hafer) stellen an Klima und Boden geringere Anforderungen.

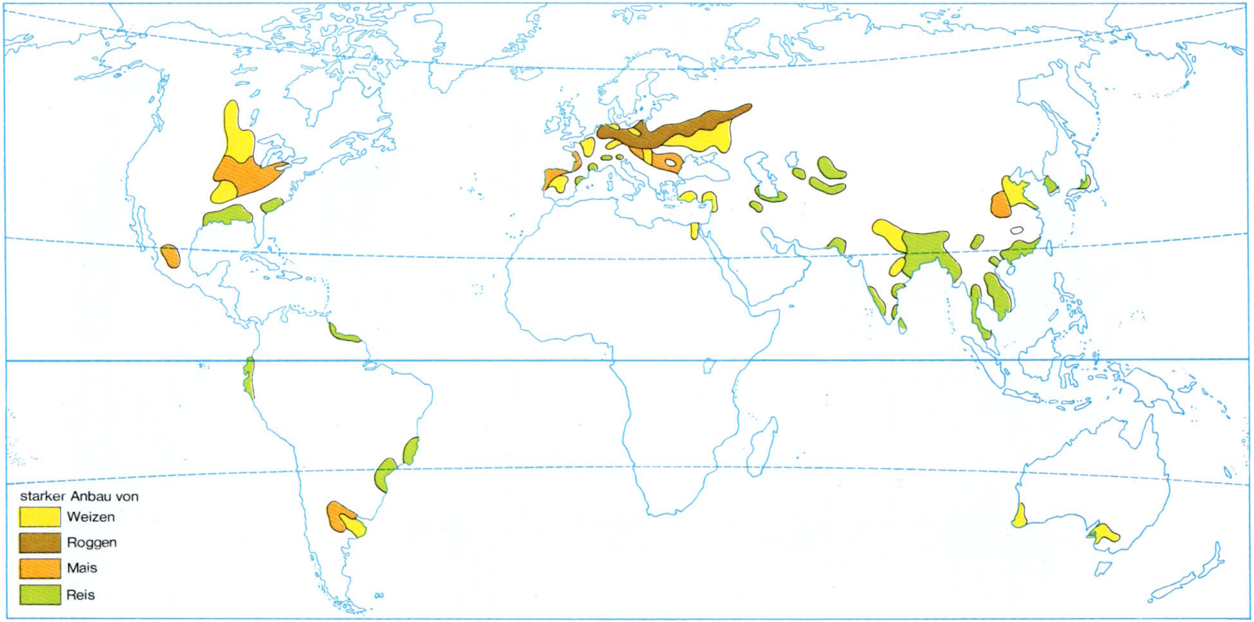

Hauptanbaugebiete von Getreide

Bewässerungsflächen

Der prozentuale Anteil der Bewässerungsfläche am ständig bebauten Ackerland der Länder der Erde ist sehr unterschiedlich. Während sich die hohen Anteilwerte auf die Staaten im subtropischen Trockengürtel der Erde konzentrieren, treten die Bewässerungsflächen in den Ländern der immerfeuchten Tropen und der gemäßigten Breiten stark zurück. Innerhalb des Gürtels hoher Werte treten die VR China, Bangla Desh, Taiwan, Japan und Ägypten durch einen Anteil des Bewässerungslandes von über 50 % hervor.

Bewässerung ist überall da erforderlich, wo unzureichende Niederschläge das Wachstum und damit den Anbau einschränken. Das ist besonders ausgeprägt im subtropischen Trockengürtel mit geringen Niederschlags- und hohen Verdunstungswerten der Fall. Dort liegen auch die klassischen Bewässerungsgebiete. Die Wasserzufuhr erfolgt durch (sog. Fremdlings-)Flüsse, die aus regenreichen Bergländern kommen. Sie bilden die Grundlage für die großen Bewässerungsoasen (Nil, Euphrat und Tigris, Punjab). Staudämme und -seen sorgen für einen ausgeglichenen Abfluß und ganzjährige Bewässerungsmöglichkeiten. Neben dem Oberflächenwasser wird auch das Grundwasser zur Bewässerung genutzt (Quell- und Brunnenoasen, Khanate).

Die herausragende Bedeutung des Bewässerungsfeldbaus in den südostasiatischen Ländern erklärt sich sowohl durch hohe Bevölkerungsdichten als auch durch die führende Rolle des Reisanbaus, der einen ausgesprochen hohen Wasserbedarf hat. Starkes Bevölkerungswachstum führt nicht nur zur ackerbaulichen Erschließung von für den Regenfeldbau zu trockenen Gebieten. In weiten Teilen Monsunasiens hat es auch den Anstoß für die Einführung der Bewässerungswirtschaft gegeben, um eine zweimalige Ernte pro Jahr zu ermöglichen.

Grenzen werden dem Bewässerungsfeldbau dort gesetzt, wo nicht ausreichend Wasser (z. B. Somalia, Sahelzone) oder bewässerungsfähige Flächen (z. B. Ladakh) zur Verfügung stehen. Auch fehlendes Kapital und unzureichendes technisches Können wirken einschränkend. Mit dem raschen Bevölkerungswachstum in den Entwicklungsländern gewinnt der Bewässerungsfeldbau zunehmend an Bedeutung. Damit rücken aber auch ernste Gefahren wie Bodenversalzung und Raubbau am Grundwasser immer stärker ins Blickfeld.

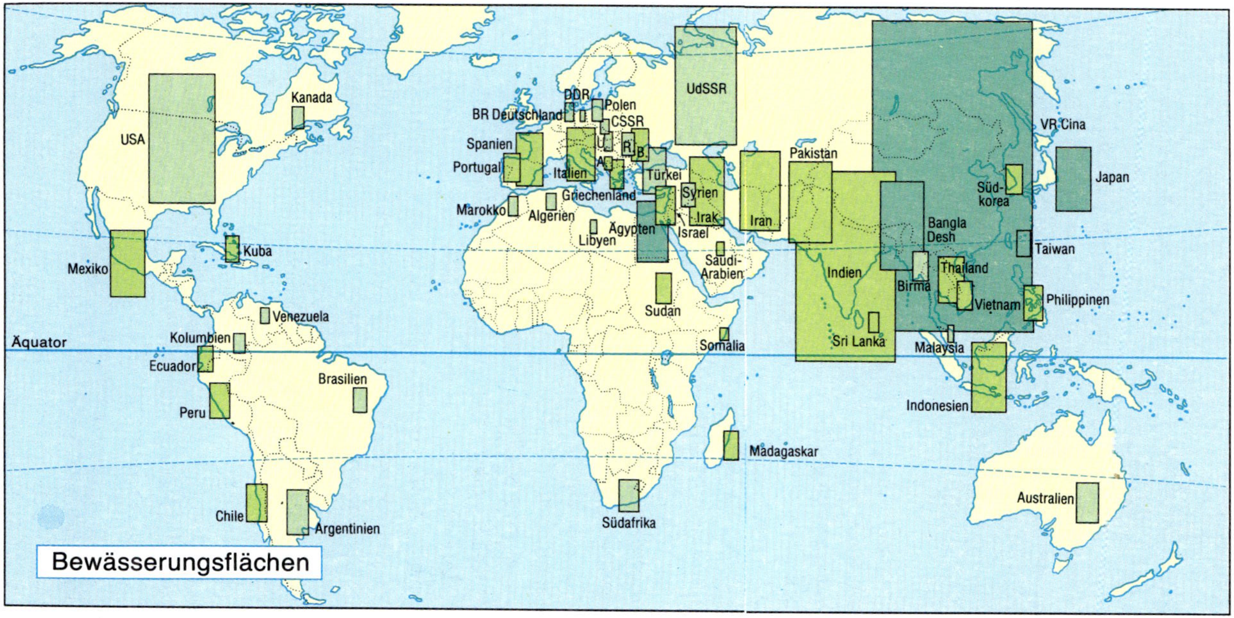

Anteil der Bewässerungsfläche am ständig bebauten Ackerland

- kleiner als 10%
- 10–50 %
- größer als 50%

Bewässerungsfläche insgesamt
$1\ cm^2 = 8$ Mill. ha
$1\ mm^2 = 80\,000$ ha

Abkürzungen:
A. = Albanien
B. = Bulgarien
R. = Rumänien
U. = Ungarn

Trockengebiete

Etwa 30 % der Landoberfläche der Erde sind klimatisch bedingte Trockengebiete, d. h. die ariden (extrem trockenen) und semiariden (10–12 Trockenmonate und 600 bzw. 400 mm Jahresniederschlag) Räume. Während die zentralen ariden Bereiche der Trockengebiete insbesondere in Nordafrika und auf der arabischen Halbinsel fast vegetationslose, unbewohnte Wüste darstellen, umfassen die semiariden Gebiete die Vegetationszonen der Halbwüste, der Dornstrauch- und der Trockensavanne bzw. der winterwarmen und -kalten Steppe.

Die semiariden Trockengebiete erfahren in unterschiedlichem Maße eine fortschreitende Ausweitung (Desertifikation). Am stärksten sind die semiariden Steppen und Savannen durch flächenhafte Vernichtung ihrer natürlichen Gras-, Strauch-, Baum- und Buschbestände gefährdet. Diese Vorgänge setzen die Regenerationsfähigkeit der Vegetation stark herab, führen zu weitverbreiteter Entblößung der Bodenoberfläche und Bodenabtragung, zu erheblichen Veränderungen im Mikroklima und letztendlich zur Wüstenausdehnung. Die Desertifikation ist überwiegend durch den Menschen bedingt. Wachsender Bevölkerungsdruck bei z. T. gleichzeitig fortbestehender Produktion für den Weltmarkt (Erdnüsse, Baumwolle) vergrößert die Anpassungsschwierigkeiten an die außerordentlich großen Schwankungen der Niederschläge in den tropischen und subtropischen Trockengebieten. Insbesondere die seßhaften Bewohner dieser Gebiete haben in niederschlagsreicheren Jahren den Anbau in Wüstenrandgebiete hinein ausgedehnt, ohne sich der katastrophalen Folgen in den nachfolgenden Dürrejahren bewußt zu sein. Jedoch ist der Prozeß der Desertifikation unterschiedlich stark ausgeprägt. Die Hauptunterschiede liegen in der Bevölkerungsdichte, die in den semiariden Gebieten Afrikas besonders hoch ist. Am nachhaltigsten sind dichtbevölkerte Gebiete der Wüstenrandzone betroffen, in denen Ackerbau und Viehhaltung um die verfügbaren Nutzflächen konkurrieren. Überweidung der immer mehr eingeengten Weideflächen und das Vorrücken des Ackerbaus in zu trockene, für den Anbau ungeeignete Räume, sind die Hauptursache meist nicht mehr umkehrbarer Schäden.

Die Eindämmung und Zurückdrängung der Desertifikation hat eine den ökologischen Bedingungen angepaßte Landnutzungs- und Siedlungsplanung zur Voraussetzung.

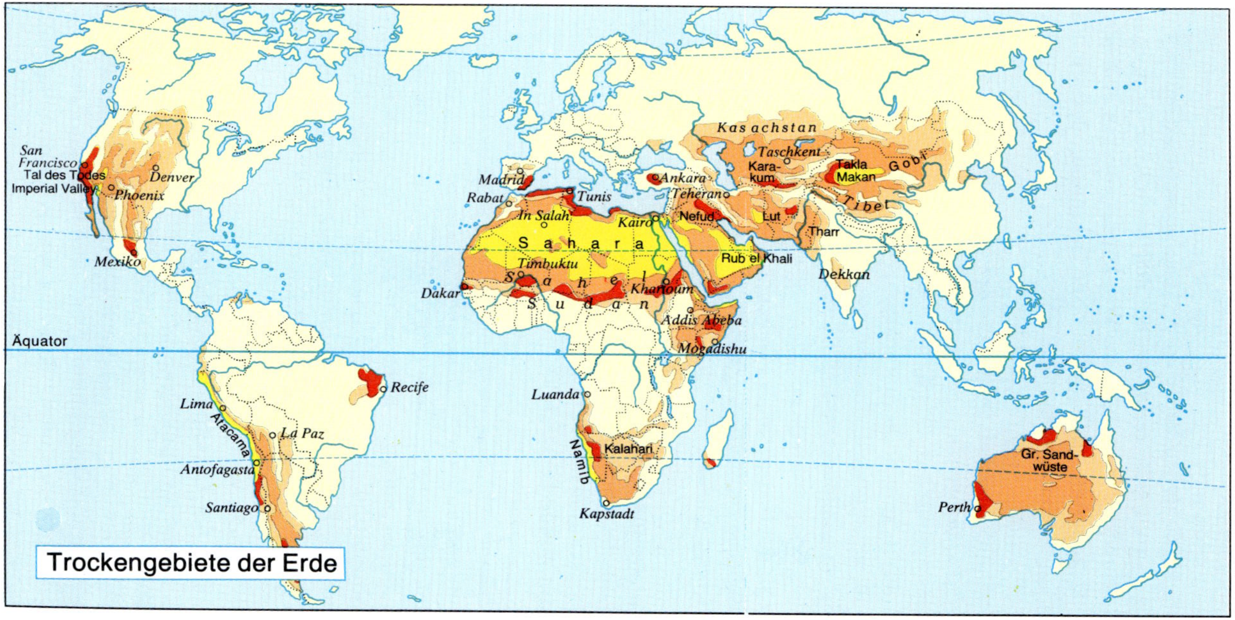

Trockengebiete der Erde

Trockenräume: extrem arid, vegetationslos (weniger als 30 mm Jahresniederschlag)

Durch fortschreitende Ausweitung der Wüsten (Desertifikation): höchst gefährdet; stark gefährdet; mäßig gefährdet

Wanderheuschrecken

Bereits in der Bibel werden die Heuschrecken als eine der sieben Plagen erwähnt. Ihr Erscheinen verbreitet bei den betroffenen Menschen Angst und Schrecken; denn dort, wo Wanderheuschrecken einfallen, wird alles kahlgefressen – dort gibt es keine Gegenwehr, dort werden aus grünen Ländereien trostlose Wüsten.

Die Wanderheuschrecken gehören zu den Heu- oder Springschrekken, die 6–8 cm lang werden und mit ihren kräftigen Beißwerkzeugen Pflanzen aller Art angehen. Das Weibchen legt seine Eier in den Boden ab. Wo folglich lockere Böden mit spärlicher Vegetation vorkommen, dort sind die günstigsten Eiablageplätze, und dort liegen auch die ständigen Schwarmbildungsgebiete. Diese Voraussetzungen treffen auf steppenartige, savannenartige oder gar halbwüstenhafte Landschaften zu, die periodische Niederschläge erhalten. Für die Larven muß freilich genügend Nahrung zur Verfügung stehen, die in der kurzen Regenzeit auch ausreichend wächst.

Entsprechend den äußeren Bedingungen für die Fortpflanzung finden sich die Heuschrecken weltweit. Neben einer Vielzahl einzelner Arten unterscheidet man die europäische, marokkanische, ägyptische, argentinische Wanderheuschrecke.

Zu »Wanderheuschrecken« werden die Tiere aufgrund bestimmter Bedingungen im Laufe von Generationen. Zunächst leben die Tiere einzeln verstreut. Wenn die Bedingungen günstig sind, vermehren sie sich rasch, bis die Nahrung nicht mehr reicht und sie Schulter an Schulter nebeneinander sitzen. Sie werden erhöht reizbar, ihre Erregung steigert sich, ihre Nachkommen haben längere Flügel und kürzere Beine.

Geselligkeitstrieb, Wanderdrang und Nachahmungslust kennzeichnen diese Phase der Entwicklung. Sobald der Erregungspunkt überschritten ist, fliegen die Insekten als Schwarm auf. Über Land bewegen sich die Schwärme »vorwärts rollend« weiter, 30 bis 50 km pro Tag. Mehrere Milliarden Tiere mit einigen 1000 t Gesamtgewicht kann ein Schwarm umfassen, und dementsprechend hoch liegen die Ernteverluste. Fliegende Schwärme, deren Richtung vom Wind bestimmt wird, können insgesamt bis zu 2000 km zurücklegen.

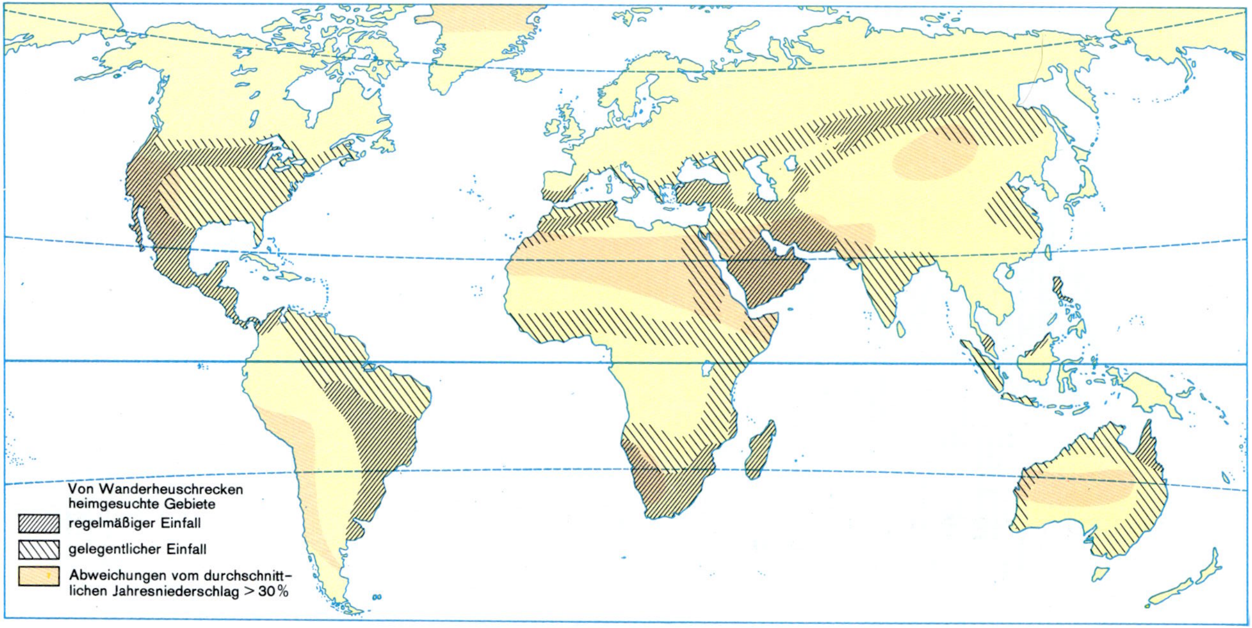

Von Wanderheuschrecken heimgesuchte Gebiete

Gefährdete Böden

Der natürlich entstandene Boden besitzt ein physikalisches und biologisches Gleichgewicht. Jeder Eingriff des Menschen bedeutet deshalb eine Veränderung des Bodenhaushalts und damit eine mehr oder weniger große Störung dieses Gleichgewichts. Der Umbruch der Scholle, der Anbau, die Ernte, Düngung mit biologischen und chemischen Mitteln sind solche Eingriffe. Sie führen zur Vernichtung der natürlichen Pflanzendecke und fördern deshalb allerorten die Bodenerosion. Jeder Acker ist mindestens einmal im Jahr der Auswehung, der Abspülung und anderen äußeren Kräften der Natur preisgegeben.

Besonders stark sind die Folgeerscheinungen des menschlichen Eingreifens dort, wo physische oder klimatische Gegebenheiten die Bodenzerstörung fördern: Dies ist besonders an Hängen der Fall, wo es zur Bildung von Bodenrissen, Bodenrutschungen, Abschwemmung – hauptsächlich nach heftigen Regenfällen oder als Folge der Unterspülung – kommen kann.

»Jahreszeitliche Trockenheit bedeutet besondere Gefahr, sie verhindert ein schnelles Wiederbegrünen, lockert einesteils den Zusammenhang der Bodenteilchen und läßt sie zu einem Spiel des Windes werden oder verkittet sie andererseits so hart miteinander, daß die neueinsetzenden, meist wolkenbruchartigen Niederschläge vom Boden nicht aufgesogen werden können, sondern unter Verheerungen oberirdisch abströmen.

Daß all dies dort, wo die natürliche Pflanzenwelt auf Grund geringer Feuchtigkeit an sich schon um ihren Bestand kämpft, besonders unerfreuliche Folgen haben muß, ist leicht verständlich. Die Böden der Gebiete mit deutlichem Wechsel von Regen- und Trockenzeiten und solche am Rande der Nutzungsmöglichkeit müssen daher besonders gefährdet sein, und die Gefahr ihrer Zerstörung durch unbedachte Eingriffe nimmt mit der Hangneigung zu.« (E. Weigt)

Das Ausmaß der Bodenzerstörung bestimmen zudem ganz entscheidend die Überweidung (overstocking) in Klimaräumen mit unregelmäßigen Niederschlägen, die Entwaldung weiter Landstriche, die Anlage von Monokulturen (z. B. Plantagen) sowie der Anbau in Trockengebieten.

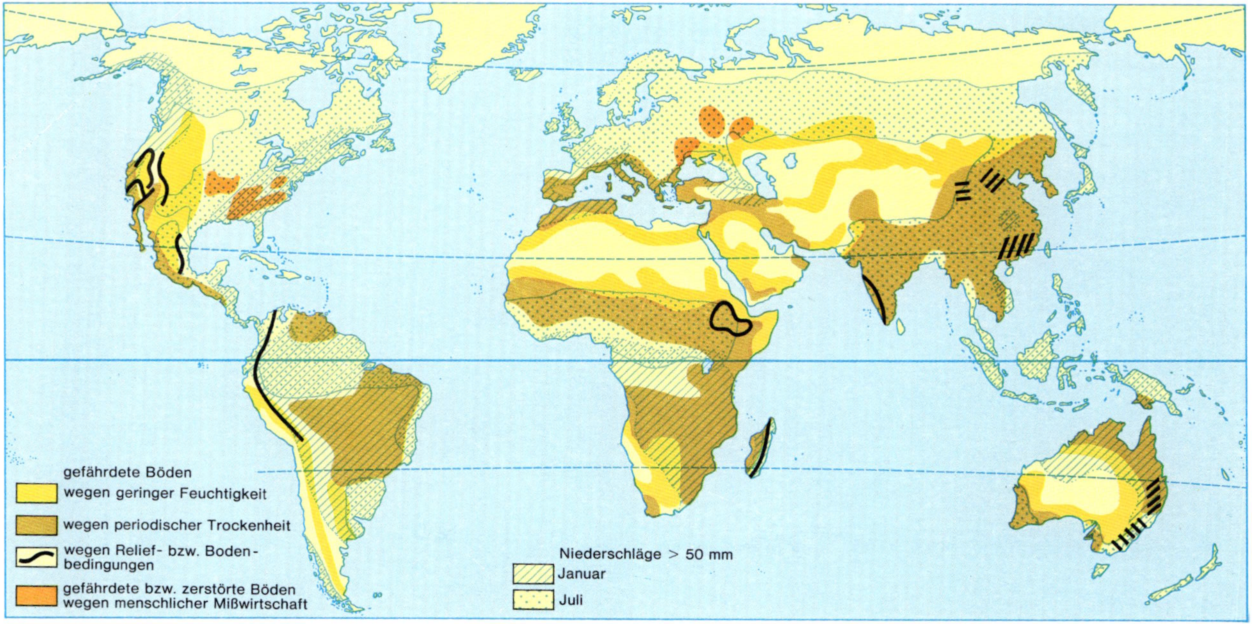

Gefährdete Böden (Bodenerosion)

Viehzucht

1979 gab es auf der Erde etwa 1209 Mill. Rinder, 1096 Mill. Schafe und 761 Mill. Schweine.

Das wichtigste Haustier ist das *Rind*. Das ergibt sich aus seinem vielseitigen wirtschaftlichen Nutzen, denn es ist Lieferant von Milch, Fleisch, Leder und Dung und zudem ein Zugtier. Die Rinderhaltung kann deshalb weltweit betrieben werden.

In weiten Bereichen Europas, im Nordosten der USA und in Südaustralien/Neuseeland ist die Rinderzucht von der Milchviehhaltung geprägt, verbunden mit einer intensiven Futter- und Grünlandwirtschaft. Die Hauptgebiete der Rindfleischerzeugung liegen hingegen in den trockeneren Regionen der USA und auf der Südhalbkugel, auf der Basis einer stationären extensiven Weidewirtschaft. In noch trockeneren Regionen der Erde gehört das Rind auch z. T. zum Bestand der nomadischen Herden, aber es kann nur kurze Durstperioden ertragen.

Das *Schwein* ist ein für die landwirtschaftliche Veredelungswirtschaft besonders geeignetes Haustier. Intensive Schweinezucht und -mast findet sich deshalb regional gekoppelt mit den landwirtschaftlichen Hauptproduktionsgebieten, so in Europa und im Nordosten der USA. Auch das südöstliche Brasilien und das dichtbevölkerte China sind Zentren der Schweinezucht, dort steht das Schwein bei der Fleischversorgung an erster Stelle. Dagegen fehlt es aus religiösen Gründen fast völlig in vom Islam und Hinduismus geprägten Räumen.

Das genügsame *Schaf* mit seinen verschiedenen Rassen ist auch extremen Naturbedingungen angepaßt, wie seine Verbreitung auf den Naturweiden von der Polargrenze bis in die Wüsten zeigt. Australien und Neuseeland verfügen zusammen über 20 % des Schafbestandes der Erde.

Eine besondere Form der Haustierhaltung ist die nomadische Viehzucht. Sie nutzt die spärliche Vegetation der Trockengebiete durch eine Wanderweidewirtschaft, an der Mensch und Tier teilnehmen. Als Tierarten werden Kamel, Pferd, Esel, Rind, Ziege und Schaf herangezogen, deren Milch als Grundnahrungsmittel dient.

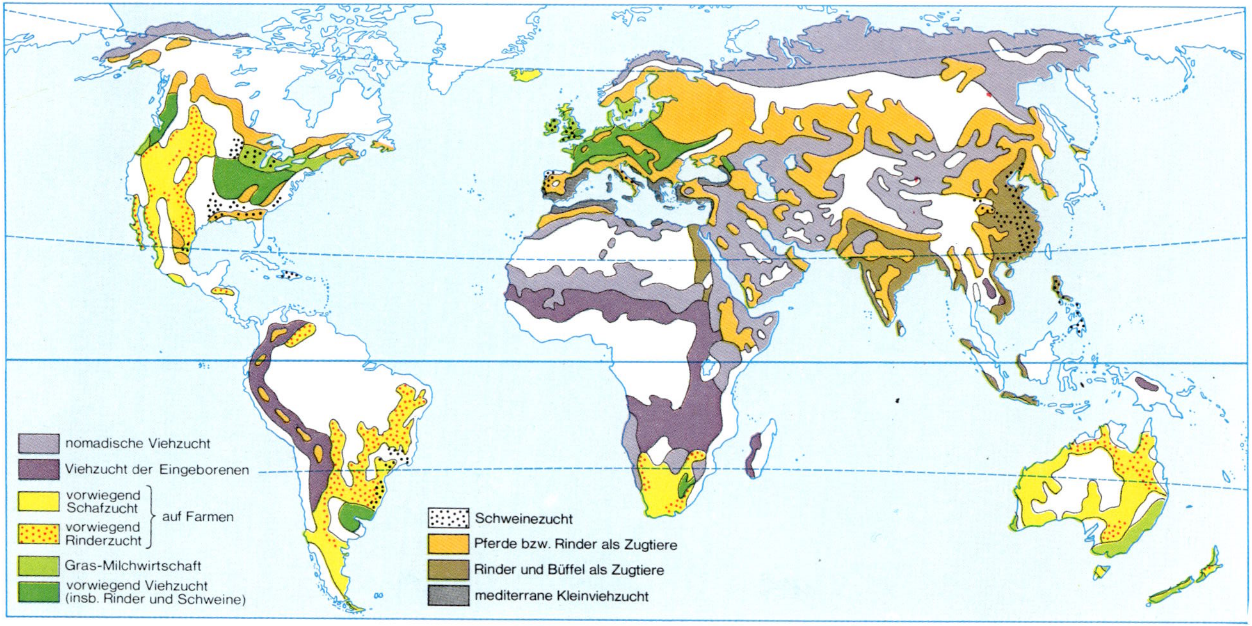

Viehzuchtgebiete

Seefischerei

Den Pflanzen und Tieren der Meere steht bei einer durchschnittlichen Tiefe der Ozeane von 4000 m ein etwa dreihundertfach größerer Lebensraum als den Landlebewesen zur Verfügung. Dieser gewaltige Lebensraum bietet den Wasserpflanzen und Wassertieren, damit auch den Fischen, sehr unterschiedliche Lebensvoraussetzungen. Deshalb liegen die Fischgründe ungleichmäßig über das Weltmeer verteilt. Sie finden sich hauptsächlich an den Küsten und in küstennahen Regionen der gemäßigten und subpolaren Zonen im Mischbereich von kalten und warmen Strömungen. Diese Bezeichnungen sind vergleichsweise gemeint. Ein Strom ist warm oder kalt je nachdem seine Temperatur höher oder niedriger ist als die des Meeresgebietes, in das er hineinfließt.

So hat sich der Golfstrom bis zur norwegischen Küste auf +5 °C abgekühlt, er ist aber noch ein verhältnismäßig warmer Strom. In den ausgedehnten Flachmeeren der Schelfzone (200 m Tiefenlinie) im nördlichen Atlantik vermischen sich vor der nordamerikanischen Küste der Labrador- und Ostgrönlandstrom mit dem Golfstrom. Diese Mischwasserregion setzt sich an der Westküste Europas fort. Desgleichen treten Mischwassergebiete an der Ostküste Asiens zwischen dem Oya-Schio- und dem Kuro-Schio-Strom sowie vor dem Kapland zwischen der Westwinddrift und dem Agulhasstrom auf.

Die tropischen Meeresräume sind dagegen fischarm. Eine Ausnahme bilden die Gebiete mit kaltem Auftriebwasser an der kalifornischen Küste (Kalifornienstrom), an der Küste von Peru und Chile (Humboldtstrom), an der afrikanischen Saharaküste (Kanarenstrom) und an der Küste von Südwestafrika (Benguelastrom).

Das Hauptnahrungsmittel der Fische ist Plankton, außerdem benötigen sie Sauerstoff. Die Planktonpflanzen brauchen ihrerseits Licht und Nährsalze. Das Sonnenlicht dringt etwa 400 m tief in das Meerwasser ein. In den Meeren der höheren Breiten, im Auftriebwasser und in den Küstenbereichen gelangen Nährsalze vom Meeresboden oder vom Festland in die oberen lichtdurchfluteten Wasserschichten. Die vielen Planktonlebewesen färben das Meerwasser grün. Blau ist dagegen die »Wüstenfarbe« des Meeres. Das Postkartenblau der tropischen Meere zeigt den Nährsalzmangel und die Planktonarmut an.

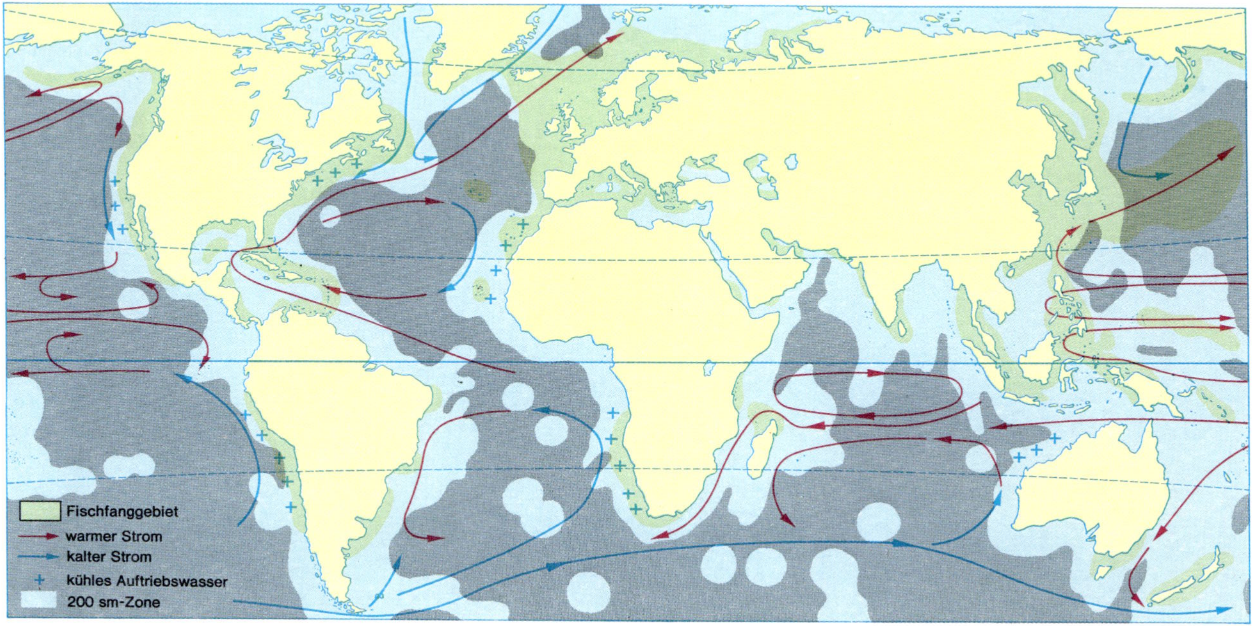

Fischfanggebiete

Wirtschaftsformationen

Viele Landschaften der Erde erhalten ihr Aussehen erst durch die Tätigkeit des Menschen. Das Ausmaß der Umgestaltung der Erde ist jedoch sehr verschieden. Der Erdölsuchtrupp in der Tundra von Alaska beeinflußt diese Naturlandschaft nur an einigen Stellen. Aber es gibt auf der Erde nur noch wenige solcher Naturlandschaften. Zu ihnen gehört der vom Menschen nicht besiedelte Naturraum der Anökumene.

Viele hunderttausend Jahre haben die Menschen als Nahrungssucher und Jäger in den Naturlandschaften der Erde gelebt. Diese Stufe des Wildbeutertums ist die einfachste Lebensform, die wir kennen. Heute leben nur noch wenige Völker als Wildbeuter. Ihre Schweif- und Jagdgebiete sind in der Karte als »sich selbst genügende (autarke) Wirtschaftsformen auf primitiver Stufe« eingezeichnet.

Der entscheidende Wendepunkt in der Lebens- und Wirtschaftsform der Menschen war die Entwicklung des Feldbaus und der Viehwirtschaft. Der Mensch wird zum Nahrungserzeuger und zum Hersteller von Gütern. Er hat die Stufe der Aneignungswirtschaft überwunden und diejenige der Produktionswirtschaft erreicht.

Anfangs war der Ackerbau auf die warmen Länder beschränkt. In den Tropen werden Knollenpflanzen angebaut. Sie können das ganze Jahr über gepflanzt und geerntet werden. Deshalb brauchen die Hackbauern keine Vorräte anzulegen. Anders verhalten sich die Bauern in den Ländern mit kühlerem oder trocknerem Klima. Sie bauen Körnerfrüchte an und sind auf eine oder zwei Ernten im Jahr angewiesen. Deshalb müssen sie Vorräte anlegen und auf eine Steigerung der Erträge bedacht sein. Sie erfanden den Pflug, die Dreifelderwirtschaft und später die Fruchtwechselwirtschaft. Heute kommt diese Wirtschaftsform der »herkömmlichen Agrarwirtschaft« noch am Nil, im Mittelmeerraum, in Indien und China vor.

Die gegenwärtig am weitesten verbreitete Lebens- und Wirtschaftsform beruht auf den Maschinen und der durch sie bedingten Industrie. Die äußeren Kennzeichen sind eine Aufsplitterung in zahlreiche Berufe und ein gehobener Lebensstandard. Mit Hilfe der technischen Möglichkeiten ist der Mensch zum ersten Mal in seiner Geschichte in der Lage, die Erdräume grundlegend umzugestalten.

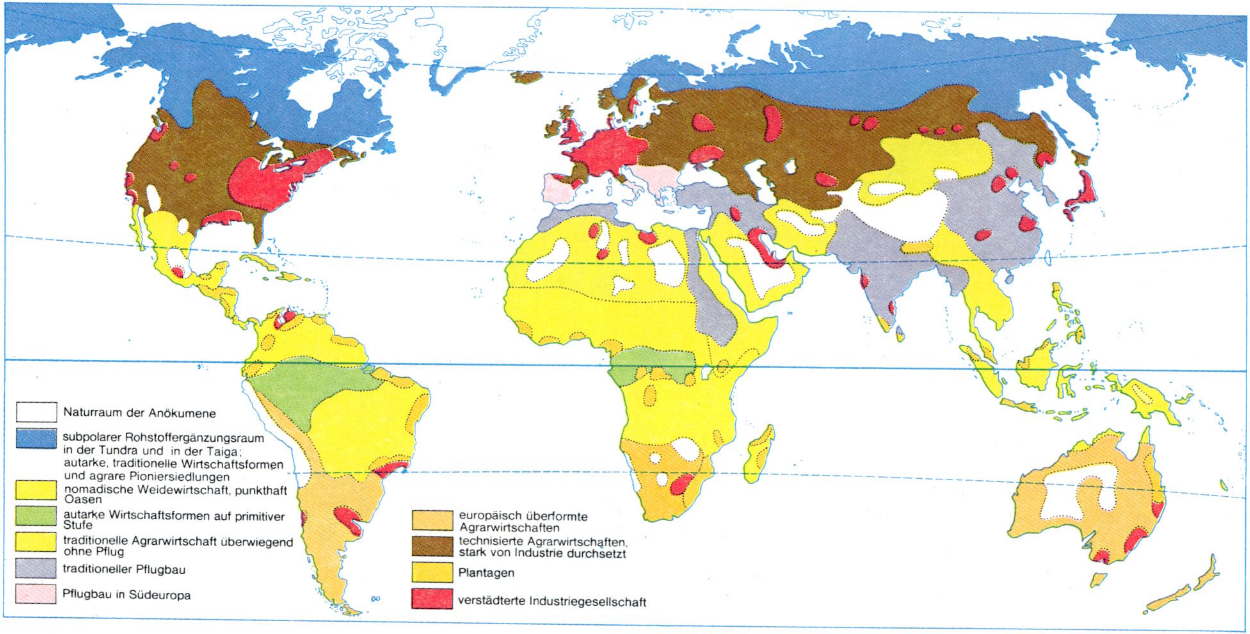

Wirtschaftsformationen

Bodennutzung / Siedlung

Zur Sicherung seiner Grundbedürfnisse an Nahrung, Kleidung und Wohnung ist der Mensch gezwungen den Boden zu bearbeiten. In der langen Geschichte seiner wirtschaftlichen Betätigung hat der Mensch aus dem Streben nach einer besseren Lebenshaltung immer wieder neue und leistungsfähigere Formen der Bodennutzung entwickelt. Gleichzeitig konnten auch die Wohnverhältnisse gehoben werden.

Nur die Randgebiete der Ökumene in der Tundra und im tropischen Regenwald werden heute noch teilweise in ihrem ursprünglichen Zustand durch Sammelwirtschaft und Jagd genutzt. Ebenso sind der Wanderfeldbau der Hackbauern und die nomadische Viehwirtschaft aussterbende Bodennutzungs- und Lebensformen. Im Regenwald und in den Savannen können die Hackbauern ihre Felder wegen der ungenügenden Bodenbearbeitung mit der Hacke nur wenige Jahre nutzen. Der Feldbau wandert, und damit ist auch eine Verlagerung der Wohnstätten verbunden.

Mit dem Übergang von der einfachen Selbstversorgungswirtschaft zum Pflugbau konnten auf kleinem Raum mehr Menschen ernährt werden. Die Feldbauern wurden seßhaft und gingen zur Vorratswirtschaft über. Nun konnte in der wirtschaftlichen Tätigkeit des Menschen eine Spezialisierung einsetzen, die es ermöglichte, differenzierte soziale und politische Organisationsformen auszubilden. Bereits um 3500 v. Chr. entfaltet sich die Hochkultur Ubeid in Mesopotamien.

Neben dem Feldbau betreiben die Pflugbauern Viehzucht. Das Vieh liefert Nahrung, und es stellt die Zugtiere für die Arbeitsgeräte. Der Mist wird als Dünger auf die Felder gebracht. Durch die ständige Verbesserung des Pfluges (Hakenpflug, Scharpflug, Motorpflug) und der Bodennutzung (Feldgraswirtschaft, Dreifelderwirtschaft, Fruchtwechselwirtschaft, Gartenbau, Plantagenbau) konnte die Erzeugung von Nahrungsmitteln und pflanzlichen Rohstoffen vor allem in den klimatisch begünstigten Gebieten der gemäßigten Zone auf ihren gegenwärtigen hohen Leistungsstand gebracht werden. Anbaumethoden, Viehzuchtformen und Vorratswirtschaft bedingen eine zweckmäßige Gestaltung von Wirtschaftsgebäuden. Deshalb gehen weltweit bestimmte Wirtschaftsformen mit dafür typischen Siedlungsformen einher.

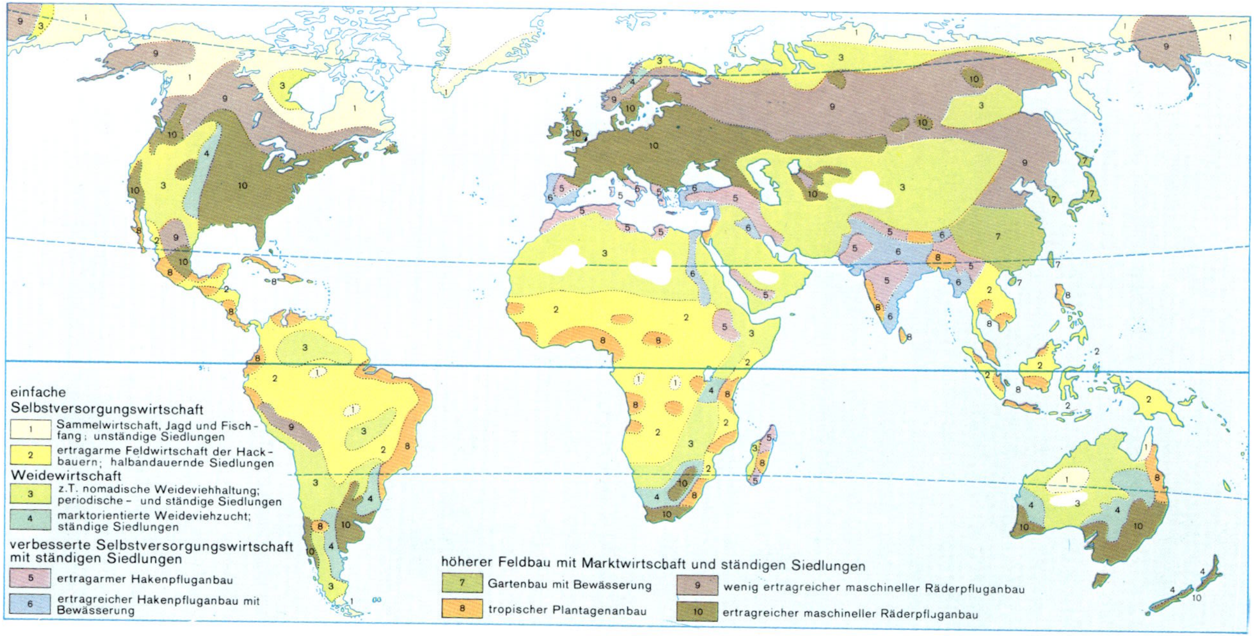

Bodennutzungs- und Siedlungsformen

Erze

Die Verteilung der mineralischen Bodenschätze auf der Erde erscheint auf den ersten Blick zufällig zu sein. Weiten Räumen ohne nennenswerte Bodenschätze stehen andere Gebiete mit einer großen Vielfalt an Erzen, Edelmetallen und Energierohstoffen (Kohle, Erdöl, Erdgas) gegenüber. Dennoch ist das Auftreten von Bodenschätzen an Gesetzmäßigkeiten gebunden, deren Kenntnis für die Erschließung von Lagerstätten von großer Wichtigkeit ist. Einzelne Lagerstättentypen lassen sich bestimmten geologisch-tektonischen Einheiten zuordnen. So machen z. B. die auf die alten Schilde beschränkten Eisenerzlagerstätten etwa 60 % der Weltvorräte aus. Die Kupferlagerstätten Sambias und Zaires sind an präkambrische Tafelländer gebunden, andere lassen sich den jungen alpidischen Faltengebirgen zuordnen (Arizona, Chile).

Die größten Vorkommen der Stahlveredler Mangan, Chrom, Nickel, Kobalt, Wolfram, Molybdän und Vanadium befinden sich in der Südafrikanischen Union, in der UdSSR, der Türkei, Indien, Kanada, Australien, Brasilien, Kuba und den USA.

Zinn wird zu 70 % aus Zinnseifen, zu 30 % aus primären Lagerstätten gewonnen, die an magmatische Gesteine gebunden sind. Die größten Vorräte liegen in Indonesien (25 %), Thailand (13 %), der VR China und Bolivien (je 10 %) und Malaysia (9 %).

Bei Blei- und Zinkerzen, die überwiegend submarin-vulkanogensedimentärer Entstehung sind, liegen die bedeutendsten Vorräte in den USA und Kanada, den Ostblockstaaten und Australien. Die reichsten Uranlagerstätten sind aus den alten Schilden (Kanada, Südafrika, Australien) bekannt.

Bauxit als Rohstoff für die Aluminiumgewinnung ist Verwitterungsprodukt trockener bis tropischer Klimate. Die wichtigsten Vorräte liegen in Australien (35 %), Guinea und (34 %) und Jamaika (7 %).

Mineralische Rohstoffe sind eine wichtige Voraussetzung für die Produktion industrieller Güter. Abgesehen von der UdSSR verfügen Europa, Japan und z. T. auch die USA nur in begrenztem Maße über eigene Bodenschätze. Diese industriellen Kernräume sind deshalb die Zielgebiete der Ausfuhrwege.

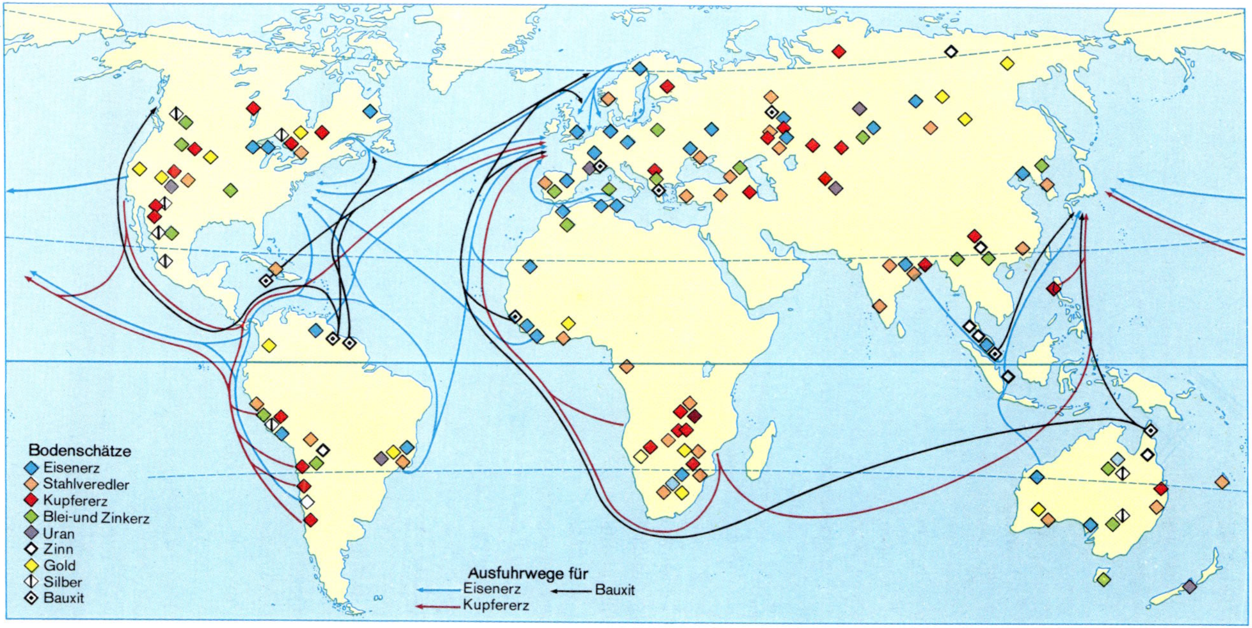

Haupterzvorkommen und Schiffahrtswege

Energieträger

Unter den Bodenschätzen spielen die Energieträger Kohle, Erdöl und Erdgas eine besonders wichtige Rolle. Sie sind zugleich unentbehrliche Rohstoffe für die chemische Industrie.

Erdöl und Erdgas sind aus tierischen und pflanzlichen Organismen, insbesondere dem Plankton, entstanden. Ihre Anreicherung erfolgte durch Faulschlammbildung in großen Tiefseebecken. Da die Entstehung von Erdöl- und Erdgaslagerstätten an Senkungsgebiete gebunden ist, treten sie sowohl an den Außenrändern und Vortiefen von Geosynklinalen (z. B. Irak, Iran, Kaukasus, Andenvorland) sowie in intramontanen Becken (z. B. Venezuela, Kalifornien) als auch in den weitgespannten epikontinentalen Sedimentationsbecken oder an Aufwölbungen von Tafelländern (Nordamerikan. Tafel, Sahara- und arabische Tafel, Wolga-Uralgebiet, Westsibirisches Becken, Nordsee-Becken) auf. Die größten Erdölreserven liegen mit 50 % im Nahen Osten, gefolgt von der UdSSR mit fast 12 % und den USA mit knapp 5 %. Die Reserven Libyens betragen knapp 4 %, die der VR China, Großbritanniens, Nigerias und Venezuelas je ca. 3 % und Indonesiens 1,5 %. Nach neuesten Erkenntnissen verfügt Mexiko über sehr große Vorräte. Die Erdgasvorräte sind am höchsten in der UdSSR (36,5 %), gefolgt von Iran (knapp 20 %), den USA (8 %), Algerien (knapp 5 %), Saudi Arabien (3 %), den Niederlanden und Kanada (je 2 %), Nigeria und Venezuela (je 1,5 %).

Wichtige Reserven stellen riesige Vorräte von Kohlenwasserstoffen in Ölschiefern und Teersanden dar (USA, Kanada, Brasilien). Die Stein- und Braunkohlevorkommen der Erde sind unter Luftabschluß und Druck in sich senkenden See- und Küstenbecken aus Pflanzenmaterial entstanden. Die größten abbaubaren Steinkohlevorräte besitzen mit 23 % die USA, es folgen die VR China (20 %), die UdSSR (17 %), Großbritannien (9 %), Indien (7 %), Südafrika (5,5 %), die Bundesrepublik Deutschland (5 %), Polen und Australien (je 4 %). Bei den Braunkohlevorräten führen die USA (über 48 %) vor der UdSSR (13 %), der Bundesrepublik Deutschland (10 %), der DDR und Australien (je 7 %), Brasilien und Jugoslawien (je 4 %). Die wichtigsten Erdölexporteure sind die OPEC-Länder, die Hauptimporteure die westlichen Industrieländer. Die Ostblockländer werden aus der russischen Produktion versorgt.

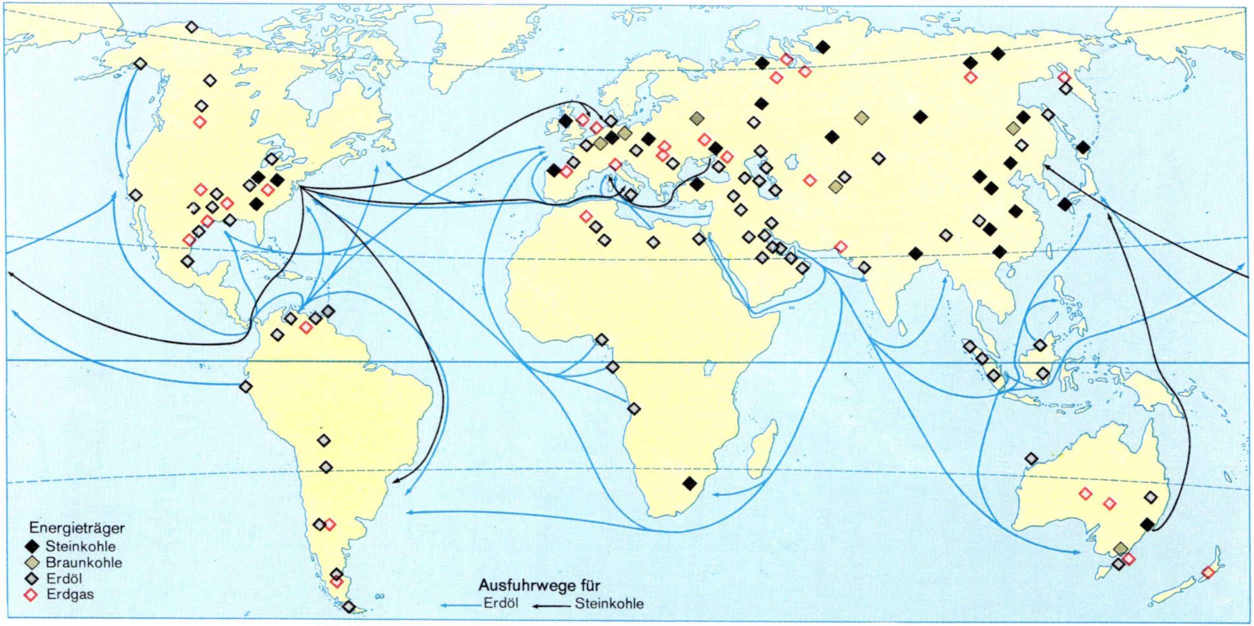

Hauptvorkommen der Energieträger und Schiffahrtswege

Energieverbrauch

Der Energieverbrauch aus den wirtschaftlich entscheidenden Energieträgern Erdöl, Stein- und Braunkohle, Erdgas und Wasserkraft ist sowohl absolut als auch pro Einwohner in den Teilen der Erde sehr unterschiedlich. Deutlich heben sich die Industrieregionen Nordamerikas, Westeuropas und des Ostblocks mit hohem Verbrauch von den unterentwickelten Regionen mit extrem niedrigem Energieverbrauch ab. Besonders kraß erscheint dieser Gegensatz auf dem Hintergrunde der Bevölkerungszahlen. Während auf die industrialisierten Regionen der Erde (Nordamerika, Europa, UdSSR, Japan) mit gut 25 % der Weltbevölkerung fast 75 % des Weltenergieverbrauchs entfallen, müssen sich die übrigen 75 % der Weltbevölkerung mit einem Viertel der Weltenergieproduktion begnügen. Nach dem Prokopfverbrauch der Bevölkerung liegen die USA mit 11 554 kg Steinkohleeinheiten (SKE) je Einwohner mit weitem Abstand an der Spitze, gefolgt vom Ostblock (5245 kg), den EG-Ländern (4423 kg) und Japan (3679 kg). Demgegenüber beträgt der Prokopfverbrauch bei der an Energierohstoffen reichen VR China (916 Mill. E.) nur 693 kg/Jahr, sinkt aber in Indien (641 Mill. E.) auf 218 kg. Bei einer Reihe von Entwicklungsländern liegt er gar unter 100 kg SKE.

Die strukturelle Zusammensetzung des Energieverbrauchs nach Energieträgern wird durch die jeweiligen eigenen Vorräte an Rohstoffen und deren Abbaubedingungen, durch die Nutzungsmöglichkeiten der Wasserkraft sowie durch die Lage zu den jeweiligen Förderländern bestimmt. Der im allgemeinen hohe Erdölanteil am Energieverbrauch erklärt sich neben dem wachsenden Motorisierungsgrad aus den niedrigen Rohölpreisen vor 1973. Eine Ausnahme bildet nur die VR China, die sich infolge weitgehender Abkapselung vom Weltmarkt in erster Linie auf ihre eigenen Energiequellen, d. h. die Kohle stützte.

Aufgrund der seit 1973 stark gestiegenen Erdölpreise beginnt der Erdölanteil am Gesamtenergieverbrauch langsam abzunehmen. Die Wasserkraft als Energieträger tritt weltweit gesehen hinter den anderen Energieträgern zurück. Eine zunehmende Steigerung erfährt dagegen die Nutzung der Atomenergie. Die Begrenzung des Vorrats an nicht regenerierbaren Energierohstoffen zwingt angesichts des wachsenden Weltenergiebedarfs mehr und mehr zur Einsparung und zur Nutzung alternativer Energiequellen.

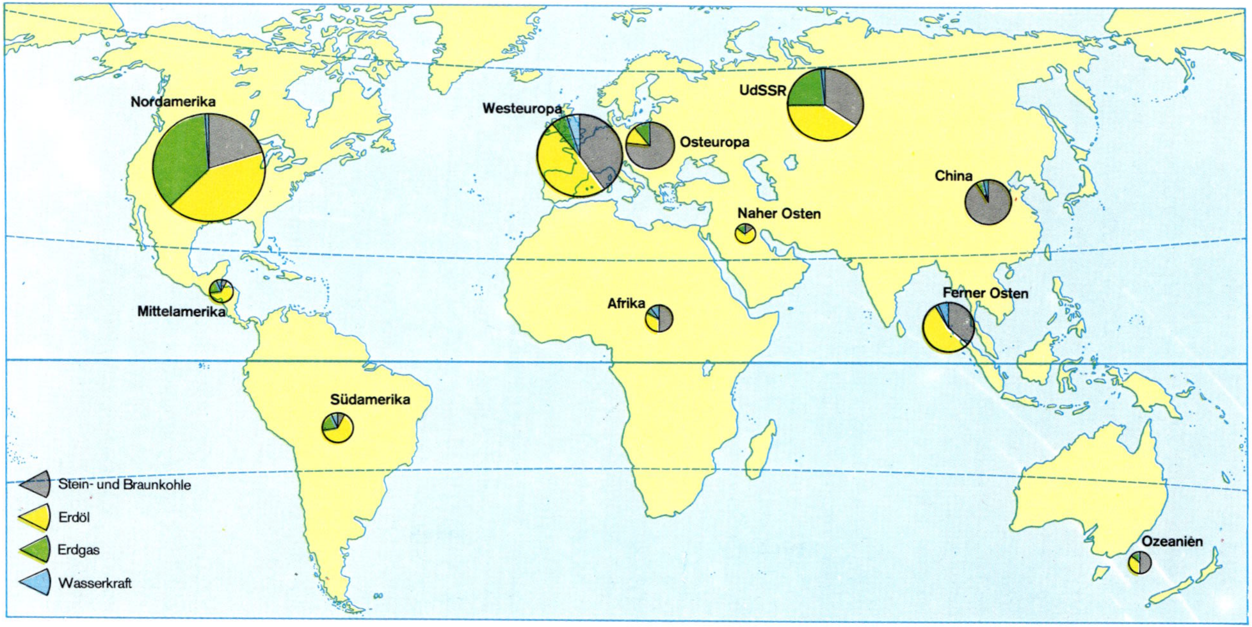

Energieverbrauch nach Regionen

Energie- und Rohstahlverbrauch

Zwischen Industrie- und Entwicklungsländern bestehen sowohl im Energie- als auch im Rohstahlverbrauch beträchtliche Unterschiede. Während der Energieverbrauch pro Einwohner und Jahr in den Industrieländern, den Ostblock eingeschlossen, mit Ausnahme der südeuropäischen Länder durchweg deutlich 2500 kg Steinkohleeinheiten übersteigt, liegt er in fast allen Entwicklungsländern unter 1000 kg, in den meisten, überwiegend afrikanischen und südostasiatischen Entwicklungsländern sogar unter 250 kg; in einigen werden nicht einmal 100 kg erreicht.

Ausnahmen bilden nur einige lateinamerikanische Entwicklungsländer wie Mexiko, Venezuela, Chile und Argentinien und die entwickelten Rohstoffländer Australien, Neuseeland und Südafrikanische Union. Neben bedeutender mineralischer und/oder agrarischer Rohstoffproduktion zeichnen sich diese Länder durch ein fortgeschritteneres Stadium der Industrialisierung aus.

Vor diesem Hintergrund ist ein deutlicher Zusammenhang zwischen der Höhe des Energieverbrauchs und des Rohstahlverbrauchs je Einwohner und Jahr erkennbar. Während der Rohstahlverbrauch in den bedeutenden Industriestaaten Nordamerikas, Westeuropas, des Ostblocks und in Japan – also Ländern mit hohem Energieverbrauch – mehr als 400 kg/E. beträgt, liegt er von drei Ausnahmen abgesehen (Israel, Irak, Kuwait) in allen Entwicklungsländern unter 100 kg. Eine Zwischenstellung mit 200–400 kg je Einwohner nehmen lediglich Großbritannien, Finnland, Polen, die süd- und südosteuropäischen Staaten sowie die Südafrikanische Union ein. Den höchsten Rohstahlverbrauch mit mehr als 600 kg/E. (1977) weisen die USA und die Tschechoslowakei auf; es folgen Kanada, die Bundesrepublik Deutschland, die DDR, Polen, die UdSSR und Japan mit 500–600 kg/E.

Hoher Energie- und Rohstahlverbrauch je Einwohner sind eindeutige Hinweise für einen hohen Industrialisierungs- und Technisierungsgrad. Umgekehrt sind die extrem niedrigen Werte für die weitaus größte Zahl der Entwicklungsländer ein unverkennbares Anzeichen für deren Unterentwicklung. Sie tritt nicht bloß im geringen Industrialisierungs- und Technisierungsgrad in Erscheinung, sondern auch in einem niedrigeren Entwicklungsstand der Landwirtschaft.

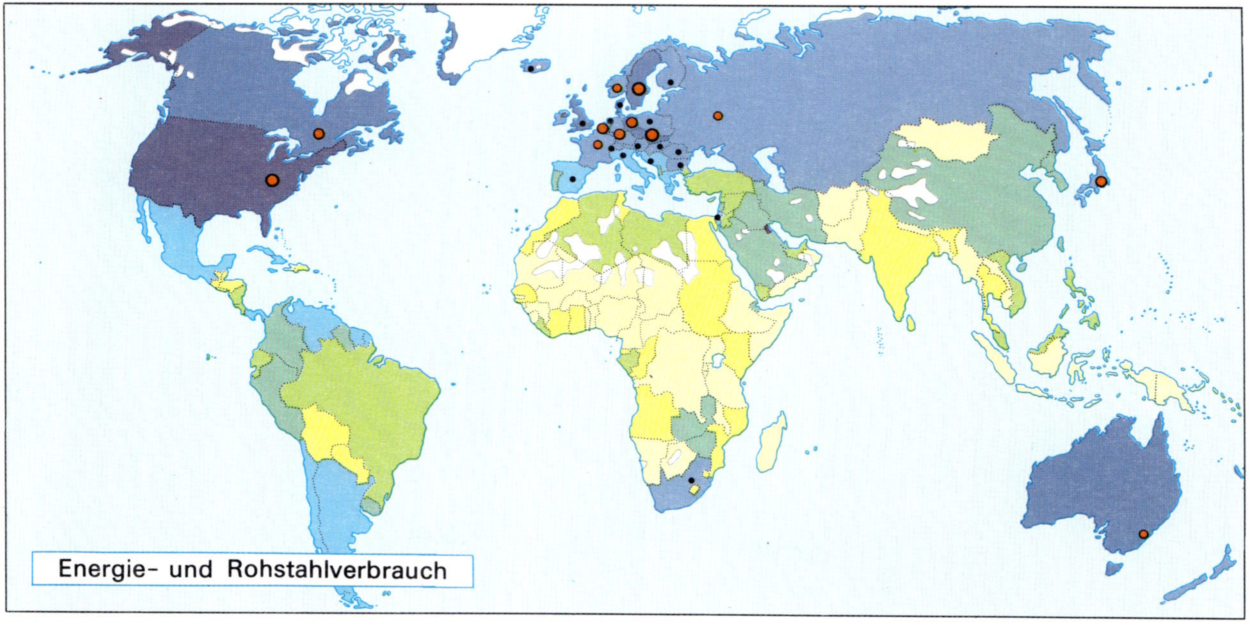

Energieverbrauch *in kg Steinkohleneinheiten pro Kopf*	*unter 100*	*1 000 - 2 500*
	100 - 250	*2 500 - 5 000*
	250 - 500	*5 000 - 10 000*
	500 - 1 000	*über 10 000*

Rohstahlverbrauch
ab 200 kg pro Person

- *200 - 400*
- *400 - 500*
- *500 - 600*
- *über 600 kg pro Person*

Luft- und Eisenbahnverkehr

Eisenbahn- und Luftverkehrslinien und -netze sind ungleich über die Erde verteilt. Flächenhaft von Eisenbahnnetzen sind nur Europa, die südwestliche Sowjetunion, die USA, das südliche Kanada, der indische Subkontinent, der ostasiatische Insel- und Küstensaum, Mittel- und Nordargentinien, die Südafrikanische Union und Südaustralien erschlossen. Vielfach bilden nur Stichbahnen oder transkontinentale Linien wichtige Erschließungsachsen. Große unerschlossene Räume liegen im Innern der Kontinente und in den polaren Räumen.

Im Luftverkehrsnetz der Nordhalbkugel dominiert die weitgehend erdumspannende, breitenparallele, die Kontinente verbindende Ausrichtung. Nur in der Sowjetunion überragen die innerstaatlichen die internationalen Flugverbindungen. Demgegenüber fehlen bedeutende breitenparallele Fluglinien innerhalb der Südkontinente bzw. zwischen ihnen.

Die räumliche Verteilung der bedeutenden Eisenbahnlinien und -netze ist nicht nur ein Spiegelbild der natürlichen Gliederung und Ausstattung des Festlandes, sondern mehr noch der Verteilung und Dichte der Bevölkerung und ihrer wirtschaftlichen Leistungsfähigkeit. Flächenerschließende Eisenbahnverkehrsnetze mit hoher Transportkapazität kennzeichnen die dichtbevölkerten industrialisierten, auf agrarische Markterzeugnisse ausgerichteten hochentwickelten Wirtschaftsräume Europas, Mittelasiens und Nordamerikas; mittlere Transportkapazitäten weisen die ihnen zugeordneten Peripherräume, unterentwikkelte Gebiete mit hoher Bevölkerungsdichte (Indien) und entwickelte Rohstoffländer (Australien, Südafrika) auf. Demgegenüber sind die meisten ins Innere der tropischen Kontinente gerichteten Stichbahnen Ausdruck der Erschließung von mineralischen und pflanzlichen Rohstoffen und tropischer Agrarprodukte für den Weltmarkt.

Im Flugverkehr spiegeln sich in der starken Inanspruchnahme der Atlantik-Route und der erdumspannenden Ost-West-Routen die engen wirtschaftlichen Verknüpfungen zwischen den Zentren der Industrieländer und der wachsende Ferntourismus. Die Ausbildung bedeutender intrakontinentaler Luftlinien in Nordamerika und in der Sowjetunion ergibt sich aus den großen Entfernungen zwischen intensiv miteinander verflochtenen nationalen Wirtschaftsräumen.

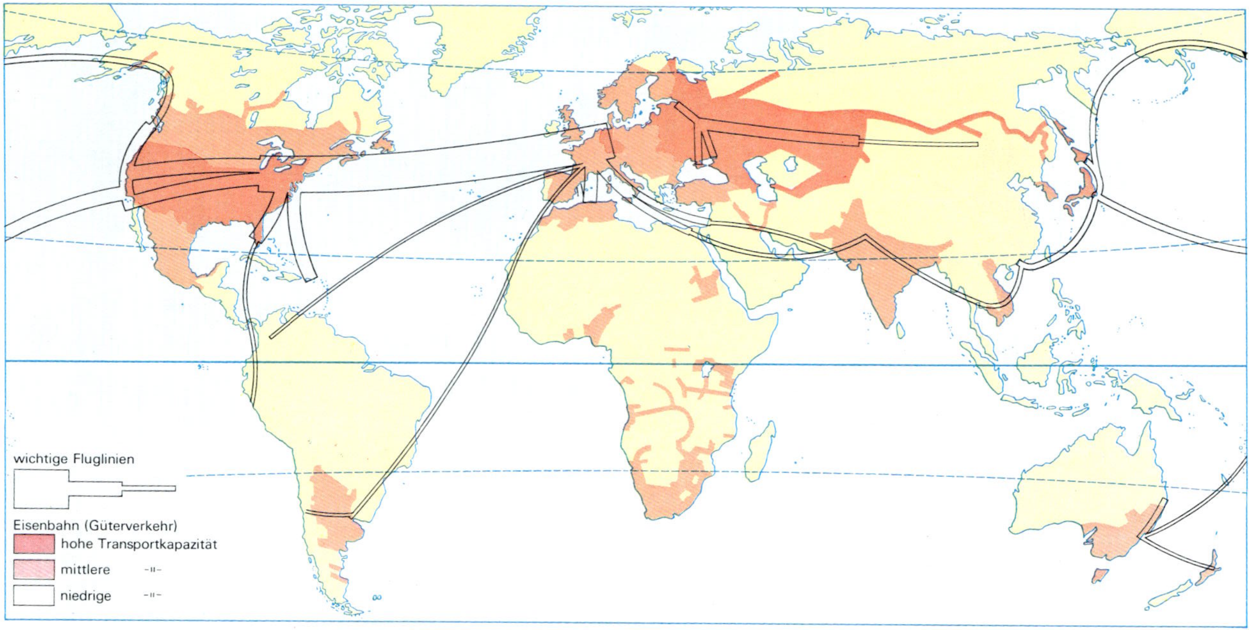

Hauptfluglinien und Eisenbahnverkehr

See- und Landverkehr

Die Verkehrsströme des Weltseeverkehrs weisen ebenso wie die Dichte des Landverkehrs regional große Unterschiede auf. Im Seeverkehr ragen das Verkehrsband über den Nordatlantik und die Kaproute heraus.

Das nordatlantische Verkehrsband erfährt eine durch die drei Mittelmeere vorgezeichnete erdumspannende Verlängerung durch die beiden großen Seekanäle (Panama- und Suezkanal). Diese vorwiegend breitenparallel ausgerichtete Route wird als Verkehrsäquator bezeichnet. Sie verbindet die Räume mit hoher Bevölkerungsdichte, großer wirtschaftlicher Leistungskraft und damit starken Verkehrsbedürfnisses auf der Nordhalbkugel. Diese Räume zeichnen sich innerhalb des maritimen Weltwirtschaftsraumes durch vorherrschende ozeanische Rand- oder Insellage aus. An ihren Küsten und Flußmündungen liegen die bedeutendsten Seehäfen der Erde, die Welthäfen. Der Nordatlantik verdankt seine Bedeutung den intensiven Wirtschaftsbeziehungen zwischen den beiden industriellen Kernräumen der Erde, den östlichen USA und Westeuropa.

Demgegenüber sind die sog. Kaproute und weitere Süd–Nord gerichtete Seeverkehrsbänder Ausdruck enger wirtschaftlicher Verflechtungen zwischen den industriellen Kernräumen der westlichen Industrieländer und ihren Rohstoffergänzungsgebieten. Quellgebiete der auf Westeuropa und in weit geringerem Maße auf Nordamerika gerichteten Rohstoff-Güterströme sind in erster Linie der Vordere Orient, Südafrika, Australien und Südamerika. Erdöl und mineralische Rohstoffe spielen dabei die Hauptrolle.

Auffällig ist die enge Verknüpfung der Endpunkte der bedeutenden Seewege mit den Gebieten der höchsten Landverkehrsdichten. Sie erklärt sich aus der Notwendigkeit des Sammelns, Verteilens und Umschlagens sowohl der zwischen den industriellen Kernräumen ausgetauschten Güter als auch der Rohstoffe, die die Rohstoffländer den Industrieländern und der industriellen Güter, die die Industrieländer den Rohstoffländern liefern. Darüber hinaus ergibt sich das hohe Landverkehrsaufkommen dieser verstädterten Räume neben hohen Bevölkerungsdichten aus arbeits- und erholungsräumlich bedingten Verkehrsnotwendigkeiten.

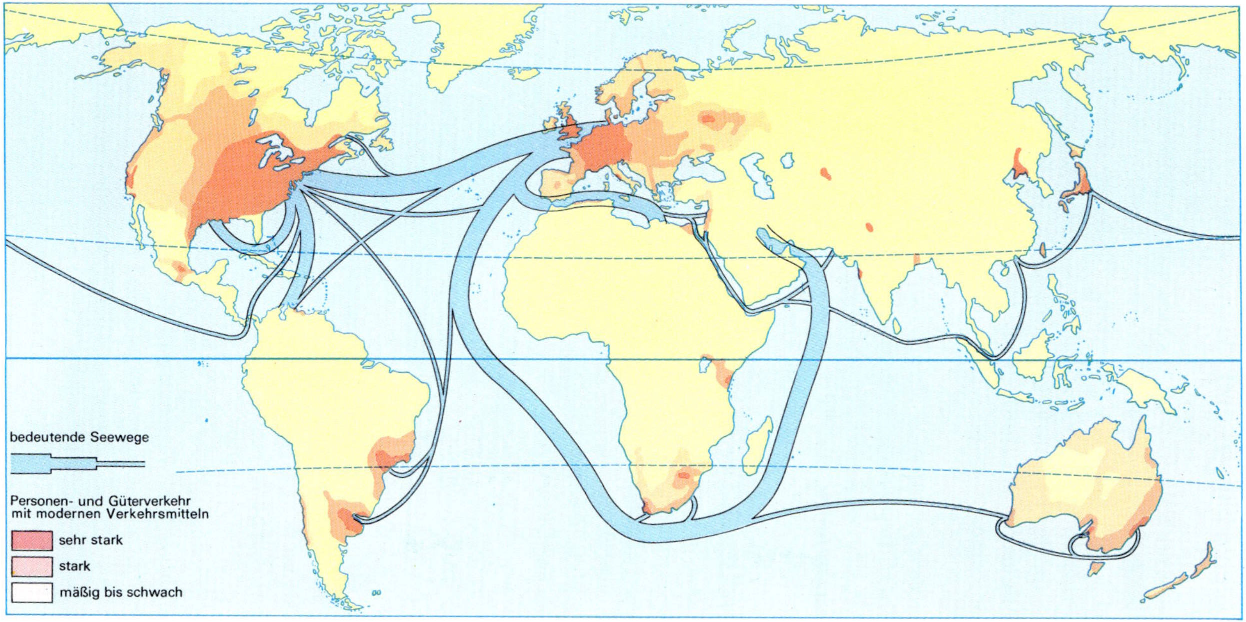

Hauptschiffahrtswege und Landverkehr

Nachrichtensatelliten und Weltverkehr

Karte auch auf Seite 98/99

Die verschiedenen Räume der Erde weisen in ihrem Entwicklungsstand des Verkehrs große Unterschiede auf. Dies zeigt sich zunächst in der Dichte und Ausstattung des Landverkehrs. Lediglich ein Fünftel der Landoberfläche ist für den Verkehr mit Kraftfahrzeugen gut erschlossen: die Gebiete mit hochentwickelter Wirtschaft. Hierzu zählen außer den Industriestaaten der Nordhalbkugel auch einzelne Küstenräume der Südkontinente.

Noch heute wird auf mehr als der Hälfte der Landoberfläche der gesamte Güter- und Personenverkehr fast ausschließlich durch traditionelle Verkehrsmittel abgewickelt. Es kommt auf die naturgeographischen Voraussetzungen an, ob dabei der handgezogene Karren, der Hundeschlitten, das Boot oder das Tragtier überwiegen.

Zum Landesinneren hin dünnt auf allen Kontinenten das Verkehrsnetz aus. Etwa ein Viertel der Landoberfläche ist sogar fast verkehrslos, bedingt durch extreme Naturbedingungen. Die Routen der Seeschifffahrt werden beeinflußt durch die Lage der Kontinente und Ozeane, durch die künstlich angelegten Seekanäle und in einigen Gebieten auch durch die natürlichen Hindernisse von Nebel und Treibeis. Wegen der beidseitigen hochentwickelten Wirtschaftsräume ist der Atlantik der Ozean mit dem dichtesten Seeverkehrsstrom.

Während heute auf den Meeren ausschließlich Güter befördert werden, dient der Luftverkehr überwiegend dem Personenverkehr. Dabei zeigen die Verkehrslinien auf der Nord- und auf der Südhalbkugel deutliche Unterschiede. Während sie auf der Nordhalbkugel bandartig die Erde äquatorparallel umziehen, erschließen sie die Südkontinente durch stärker meridional gerichtete Verkehrslinien. Verkehrsspannungen zwischen den Südkontinenten fehlen fast ganz.

Der Nachrichtenverkehr spielt für die Kommunikation zwischen Menschen, für die Weltwirtschaft und die Weltpolitik eine bedeutende Rolle. Erst durch die Satellitentechnik sind globale Verbindungen in kürzester Zeit ermöglicht worden. Hierfür war die Einrichtung von geostationären Satelliten notwendig. Das weltumspannende Nachrichtensatellitennetz von INTELSAT besteht aus drei Verkehrsregionen: der Atlantik-, Indik- und Pazifikregion.

Nachrichtensatelliten

Text auf S. 96

Schiffsverkehr

Passagiere im Jahr: bis 100 000 — bis 500 000 — über 500 000

Frachtmengen im Jahr: bis 100 — bis 300 — über 300 Mill. m^3

Entfernungen in Seemeilen
3700 sm (1 sm = 1852 m)

Seehafen mit einem Güterumschlag von mehr als 50 Mill. t

treibeisgefährdete Meeresgebiete

nebelgefährdete Meeresgebiete

Luftverkehr

Fluggäste im Jahr

bis 50 000 — bis 250 000 — bis 500 000 — über 500 000

Weltflughafen mit mehr als 5 Mill. Fluggästen pro Jahr

Eisenbahnverkehr

wichtige Strecken

Abkürzungen

A. = Antwerpen
Am. = Amsterdam
R. = Rotterdam
Fft. = Frankfurt/M.
T. = Turin Z. = Zürich

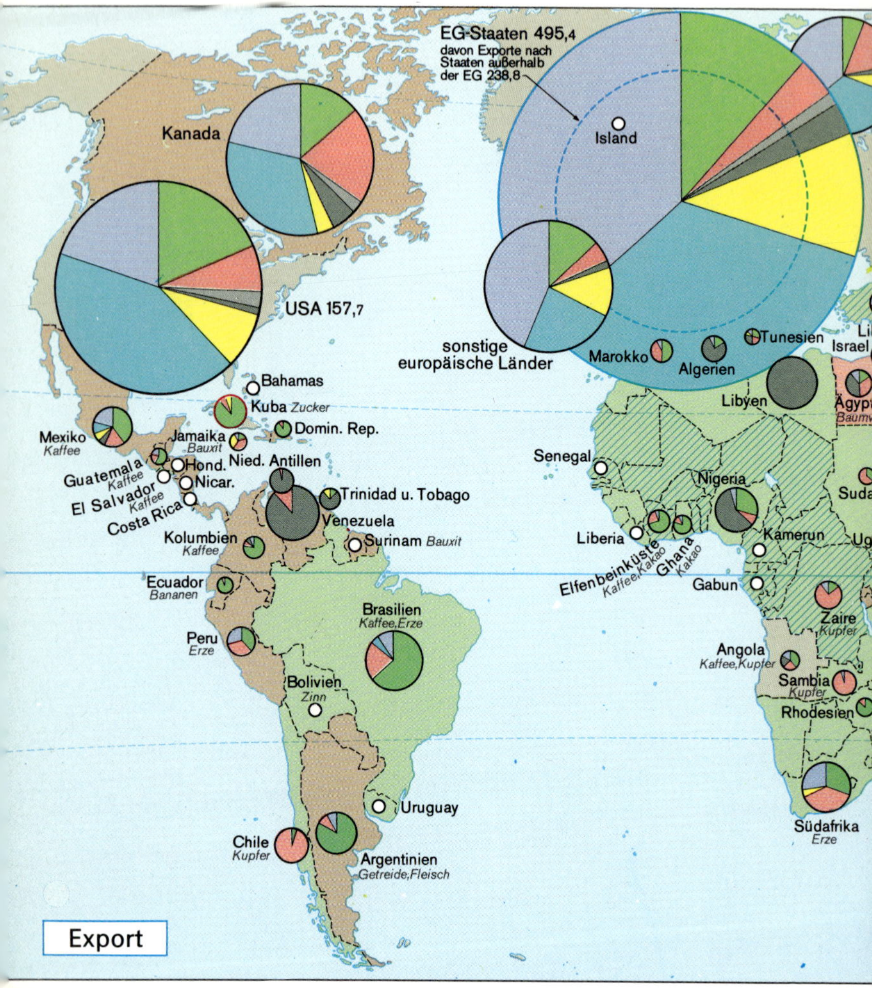

Exportanteile nach Staaten und Staatsgruppen *(Legende vgl. S. 104/105)*

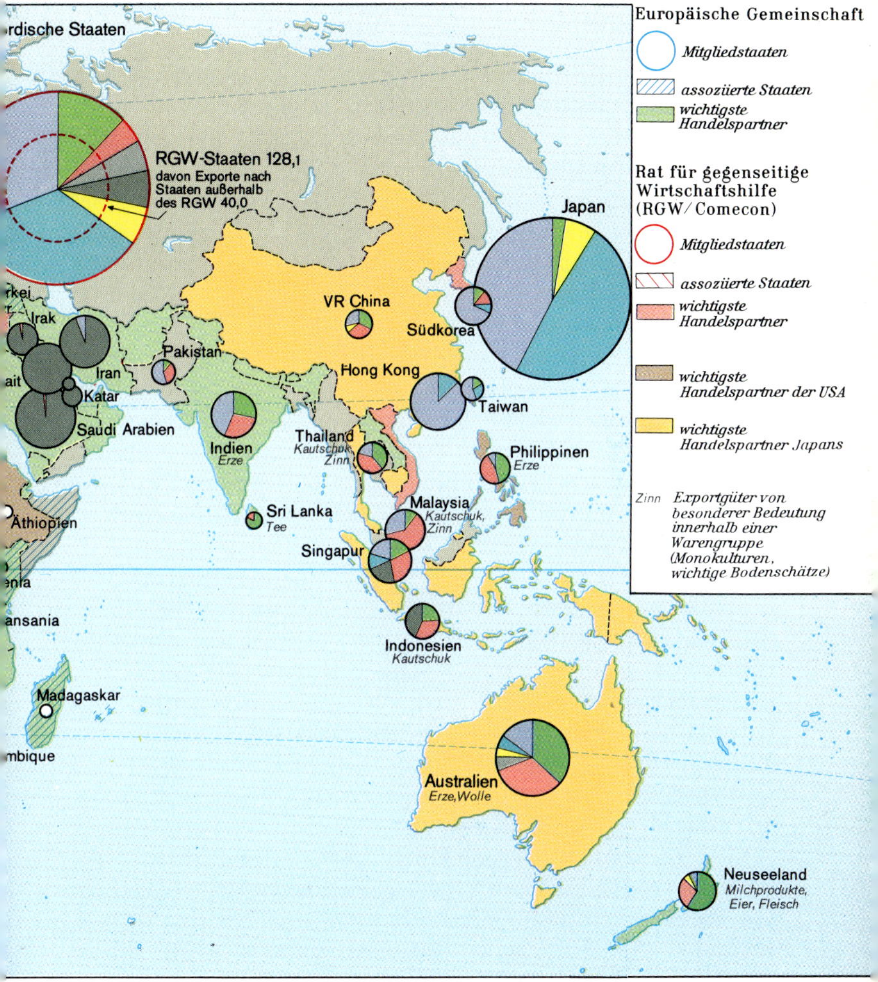

Text auf S. 102/103

Export / Import

Heute sind fast alle Staaten (Volkswirtschaften), auch wenn sie sich über mehrere Landschaftsgürtel erstrecken und über große Ressourcen verfügen, auf den Außenhandel angewiesen. Er beruht auf dem steigenden Bedarf an Gütern, der nicht mehr durch die heimische Produktion allein befriedigt werden kann. Die Verwirklichung des Prinzips der internationalen Arbeitsteilung, das auf der unterschiedlichen Ausstattung der Staaten mit Kapital, Arbeitskräften, Know-how und natürlichen Ressourcen (Rohstoffe, Nahrungsmittel, Energie) beruht, hat zu einer engen Außenhandelsverflechtung zwischen den Staaten geführt. Jedoch treten im Welthandel beträchtliche regionale Unterschiede auf, die sich in der Zusammensetzung (Struktur) der Handelsgüter, im Außenhandelsvolumen und in der Richtung der Warenströme zeigen. Unter Welthandel verstehen wir die Summe des Außenhandels aller Staaten der Erde. Jedes Gut, das auf dem Wege der Ausfuhr bzw. Einfuhr eine Staats- oder Zollgrenze überschreitet, ist Bestandteil des Welthandels.

1. Sowohl in bezug auf den Export als auch auf den Import dominieren nach dem Warenwert die Industrieländer der nördlichen Hemisphäre.
2. Innerhalb dieses Gürtels sind mit großem Abstand vor den Entwicklungsländern deutlich vier Schwerpunkte des Außenhandels zu erkennen: Die Staaten der Europäischen Gemeinschaft als mit Abstand bedeutendster, gefolgt von Nordamerika, dem Ostblock und Japan.
3. Während die Industrieländer überwiegend Industrieerzeugnisse exportieren, liegt der Schwerpunkt des Exports der Entwicklungsländer bei den Rohstoffen. Industrieprodukte und Nahrungsmittel spielen in der Warenstruktur ausgeführter Güter nur vereinzelt eine wichtige Rolle (z. B. Brasilien, Algerien, Südkorea). Auffallend ist, daß sich bei einer größeren Reihe von Entwicklungsländern der Export auf einen oder wenige Rohstoffe beschränkt (z. B. Staaten am Persischen Golf, Chile, Sambia, Indonesien).
4. Die Importe der Entwicklungsländer erstrecken sich zum weitaus größten Teil auf Industrieprodukte aus den Industrieländern. Mit Ausnahme Japans, das auf umfangreiche Rohstoff- und Nahrungsmitteleinfuhren angewiesen ist, überwiegt bei den übrigen Industrieländern auch die Einfuhr von Industriegütern. 1978 betrug der Anteil der Entwicklungsländer am Welthandelsvolumen nur 23,5 %, davon ent-

fielen allein 11,5 % auf die OPEC-Staaten. Demgegenüber lag der Anteil der Industrieländer über 70 %. Die Hauptursache für den großen Rückstand der Entwicklungsländer liegt in dem kolonialgeschichtlich bedingten geringen Grad der nationalen Arbeitsteilung. Der Außenhandel der ehemaligen Kolonien erstreckte sich einseitig auf die Rohstoff- und Nahrungsgüterausfuhr in die Mutterländer und auf die Einfuhr von Industriewaren aus diesen. Auch in der nachkolonialen Phase haben sich die Außenhandelsstrukturen noch nicht grundsätzlich geändert.

Die herausragende Stellung der Industriestaaten im Export wie im Import erklärt sich aus dem fortschreitenden Grad der Arbeitsteilung zwischen diesen Ländern. Der überwiegende Anteil der Industriegüter am Import hat seine Ursache im intensiven Güteraustausch der Industrieländer untereinander (1978 46,9 % des gesamten Welthandels). Die Führung der westeuropäischen Industrieländer, deren Handelsvolumen (Export- plus Importwerte) das der USA um das 2,5fache übersteigt, läßt sich neben dem hohen Grad der Arbeitsteilung angesichts hoher Bevölkerungsdichten mit dem Zwang zu starker Industrialisierung begründen; gleiches gilt für Japan. Die zweite Position Nordamerikas ergibt sich daraus, daß zahlreiche Tochterunternehmen angloamerikanischer Firmen ihre Standorte in Ländern anderer Kontinente haben. Die von ihnen erzeugten Güter werden deshalb nicht als Exportgüter der USA oder Kanadas registriert.

Der Außenhandel des Ostblocks (RGW-Staaten) erfolgt zum überwiegenden Teil als Binnenaustausch innerhalb des Blocks. Erst in den letzten Jahren zeichnet sich eine verstärkte Öffnung nach außen (rasch zunehmender Ost-West-Handel) ab. In den Außenhandelsbeziehungen der drei westlichen Schwerpunkte des Welthandels (EG, USA, Japan) haben sich regionale Präferenzen herausgebildet. Während sich die Handelsbeziehungen der Staaten Afrikas, des Vorderen Orients, des indischen Subkontinents und z. T. auch Südamerikas aus historischen und Lagegründen eng auf Westeuropa ausrichten, sind die Bindungen Nordamerikas am engsten zu den Staaten Mittelamerikas und einigen Staaten Südamerikas. Der japanische Einfluß konzentriert sich auf die VR China, die Staaten SO-Asiens und auf Australien. Infolge der 1970–1980 um das Siebzehnfache gestiegenen Erdölpreise zeichnen sich in den Außenhandelsbeziehungen und in den Welthandelsstrukturen grundlegende Veränderungen ab.

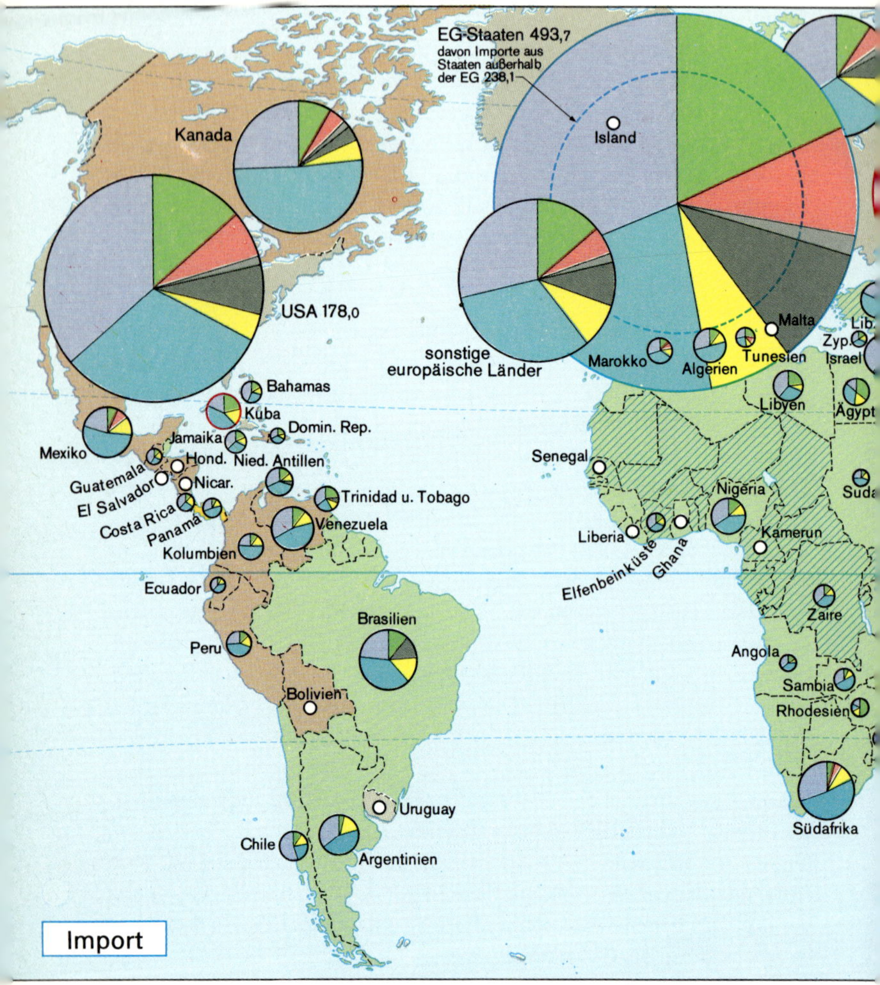

Importanteile nach Staaten und Staatsgruppen *(Legende vgl. S. 100/101)*

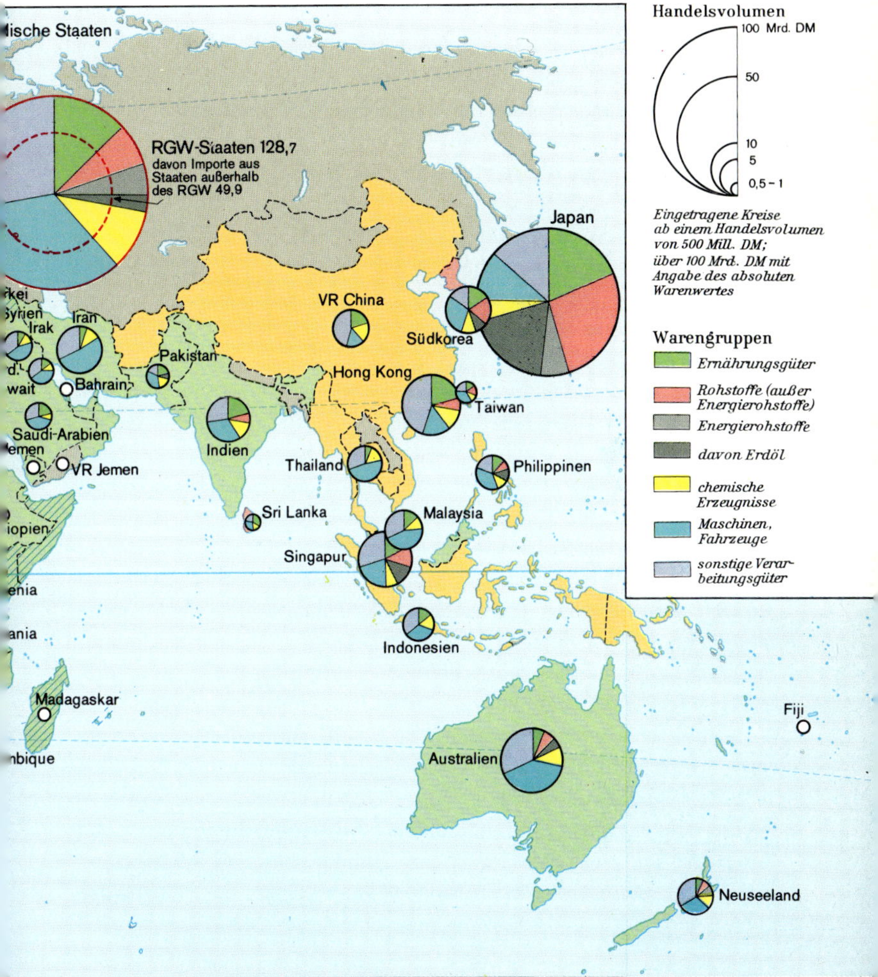

Text auf S. 102/103

Wirtschaftsräume

Der einzelne Staat kann heute seine wirtschaftlichen und politischen Probleme nicht für sich allein bewältigen. Die immer enger werdenden politischen und insbesondere wirtschaftlichen Verflechtungen zwischen den Staaten zwingen zur Abstimmung der jeweiligen Interessen.

Im Zuge dieser Verflechtungen haben sich verschiedene Wirtschaftsgroßräume entwickelt, innerhalb derer die Verflechtungen zwischen den einzelnen Staaten besonders eng sind. Auffallendes Kennzeichen dieser Entwicklung zu Wirtschaftsräumen ist zunächst die historisch bedingte Zweiteilung der Erde in Industrieländer und Rohstoffländer. Sie geht auf die koloniale Unterwerfung der Länder des süd- und mittelamerikanischen, des afrikanischen und australischen Kontinents, des Vorderen Orients und Süd-, Südost- und Ostasiens bzw. auf deren Durchdringung vom kapitalistischen Wirtschaftssystem zurück. Daraus entwickelte sich die weltwirtschaftliche Arbeitsteilung in Rohstoff-Lieferländer und in Rohstoffe verarbeitende Länder. Im Zuge dieser arbeitsteiligen Aufgliederung in Industrie- und Rohstoff-Lieferländer bildeten sich aufgrund von Lagebeziehungen, kolonial-historischen Bindungen, unterschiedlicher politischer Ausrichtung und besonderer Interessenlage innerhalb dieses globalen Verflechtungssystems mehrere Wirtschaftsgroßräume heraus. Dabei sind entsprechend dem weltwirtschaftlichen Arbeitsteilungsprinzip jeweils eine industrielle Kernregion und ein Rohstoffergänzungsraum aufeinander bezogen: Die USA mit Lateinamerika und Kanada, Westeuropa mit Afrika, dem Vorderen Orient, dem indischen Subkontinent und Australien, die RGW-Länder (Ostblock) mit Nordkorea, Vietnam, Kambodscha und Afghanistan. Ein Teil des südostasiatischen Raumes kann keinem der Wirtschaftsräume eindeutig zugeordnet werden.

Eine derartige Gliederung läßt sich nur als Momentaufnahme rechtfertigen. Weltwirtschaftliche Abläufe sind dynamische Vorgänge, die aus wirtschaftlichen und politischen Gründen derartige Zuordnungen rasch zu ändern vermögen. Insbesondere tragen Versuche vieler Entwicklungsländer, sich aus traditionellen kolonialgeschichtlichen Bindungen zu lösen, sich zu Kartellen zusammenzuschließen (z. B. OPEC), sich nicht für die Zugehörigkeit zu einem bestimmten politischen Block zu entscheiden, zu ständigen Veränderungen in den großräumigen Wirtschaftsbeziehungen bei.

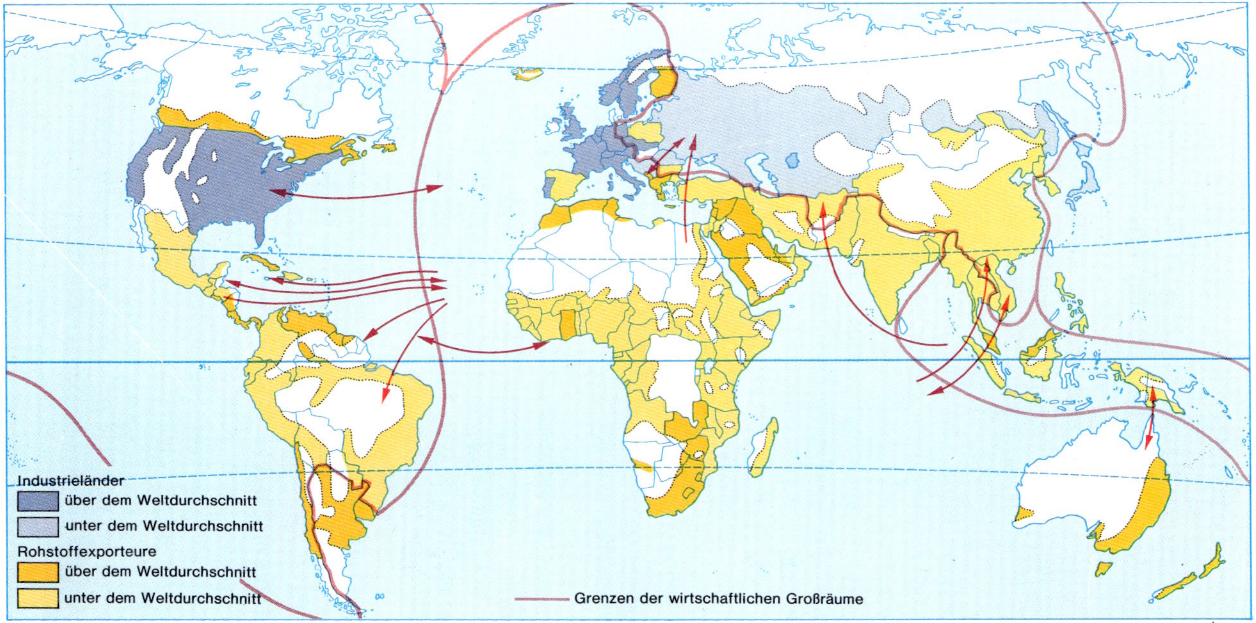

Industrieländer und Rohstoffexporteure

Weltwirtschaftsräume

Nach der Intensität der Außenhandelsbeziehungen zwischen den Staaten läßt sich der Weltwirtschaftsraum in zwei Teile gliedern, in einen kontinentalen und einen maritimen. Gemeinsam ist beiden die Differenzierung in Kern- und Peripherieräume. Während sich die Kernräume durch einen hohen Industrialisierungsgrad auszeichnen, sind die Peripherieräume in erster Linie Rohstofflieferanten.

Der Kontinentalwirtschaftsraum umfaßt die geschlossene kontinentale osteuropäisch-asiatische Landmasse mit Ausnahme seiner vorder-, süd- und ostasiatischen Randgebiete und Inseln. Er gliedert sich in den osteuropäisch-russischen und den chinesischen Kernraum. Die großen Ergänzungsräume des osteuropäisch-russischen Kernraums liegen vor allem in den nördlichen und östlichen Teilen des Kontinents. Sie werden erweitert durch eine Reihe von aus politischen Gründen angegliederten Satelliten. Der in der gemäßigten und subtropischen Zone gelegene, dicht bevölkerte und ressourcenreiche chinesische Kernraum erfährt aber durch die zentralasiatischen Hochlandgebiete keine wesentliche Ergänzung. Beide Kernräume stehen untereinander nur in einer lockeren Verbindung.

Der maritime Weltwirtschaftsraum ist demgegenüber sehr vielgliedrig. Er umfaßt drei durch Ozeane bzw. Kontinentalräume voneinander getrennte Kernräume, die ebenfalls in der nördlich gemäßigten bis subtropischen Zone liegen: den nordamerikanischen, westeuropäischen und japanischen. Diese drei Kernräume stehen untereinander in engsten Austauschbeziehungen. Den Kernräumen sind über alle Klimazonen hinweggreifende Ergänzungsräume (Afrika, Südamerika, indoaustralischer Raum) zugeordnet. Kern- und Ergänzungsgebiete des maritimen Weltwirtschaftsraumes stehen über außerordentlich günstige Seeverkehrsverbindungen in engem Kontakt. Begünstigt wird dieser Vorzug durch eine reiche Küstengliederung (Mittel- und Randmeere, weit landeinwärts schiffbare Flußmündungen und Buchten).

Die Grenzen zwischen beiden Weltwirtschaftsräumen sind unscharf und beweglich. Während die wirtschaftliche Dynamik des Kontinentalwirtschaftsraumes aus dem Inneren zur Küste drängt, streben die Kräfte des maritimen Wirtschaftsraumes in erster Linie auf die Erschließung des Inneren der (peripheren) Kontinente.

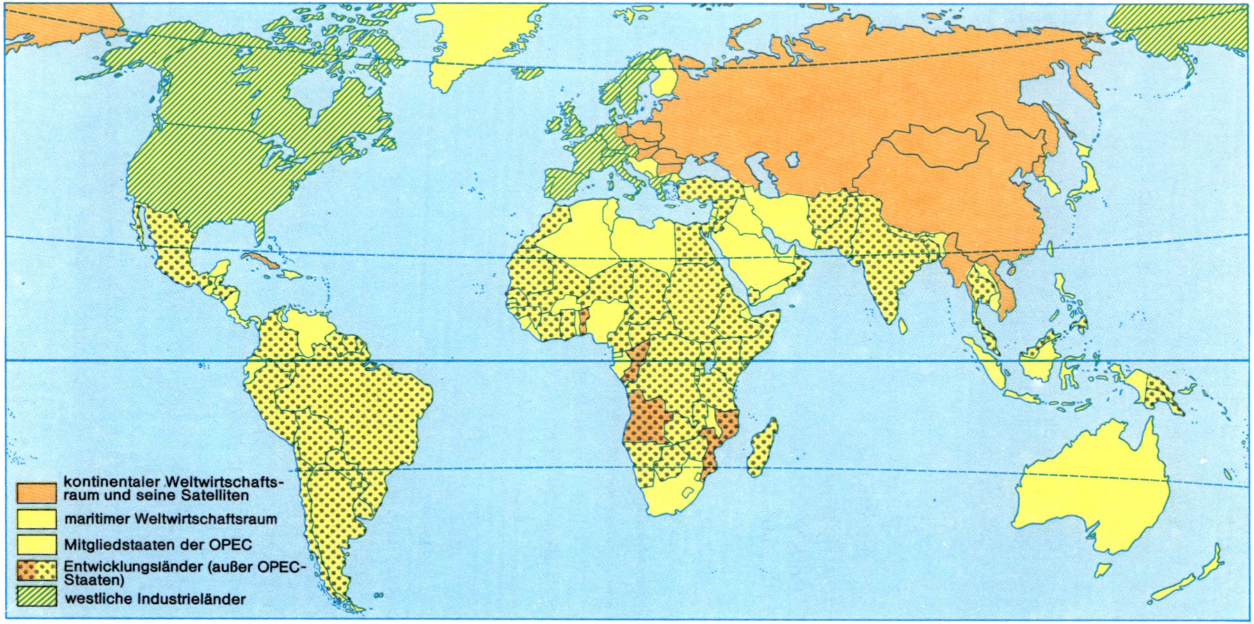

Weltwirtschaftsräume

Bevölkerung

Woher wissen wir, wieviel Menschen auf der Erde leben? Die meisten Regierungen lassen von Zeit zu Zeit Volkszählungen durchführen. Doch diese Zählungen sind vielfach ungenau. Wer könnte auch die Indianer im Urwald Brasiliens ohne Fehler zählen? Noch viel ungenauer ist unsere Kenntnis von der Zahl der Menschen, die in vergangenen Jahrhunderten gleichzeitig auf der Erde gelebt haben. Wir müssen uns dabei auf Schätzungen verlassen.

Wenn wir nach der Verteilung der Weltbevölkerung fragen, so müssen wir zwischen Bevölkerungszahl und Bevölkerungsdichte unterscheiden. Die Bevölkerungszahl ist die Anzahl von Menschen, die gleichzeitig auf der Erde oder in einem Teilgebiet leben. Die Bevölkerungsdichte ist dagegen eine Verhältniszahl. Sie gibt an, wieviel Menschen (E.) auf einem Quadratkilometer (km^2) wohnen.

So ergibt sich eine geringe Bevölkerungsdichte (bis 25 E./km^2), wenn wenige Menschen in einem großen Gebiet leben. Indessen kommt eine mittlere Bevölkerungsdichte zustande (25–200 E./km^2), wenn entweder viele Menschen in einem großen Gebiet oder wenige Menschen in einem kleinen Gebiet leben. Dagegen ergibt eine große Bevölkerungszahl in einem kleinen Gebiet eine hohe Bevölkerungsdichte (über 200 E./km^2).

Die Weltbevölkerung ist sehr unterschiedlich auf die Kontinente verteilt. Der volkreichste Erdteil ist Asien mit 2,6 Mrd. E. Dabei wurde berücksichtigt, daß im asiatischen Teil der Sowjetunion etwa ein Viertel der Gesamtbevölkerung des Staates leben. Es folgen nach der Bevölkerungszahl Europa, Afrika, Nordamerika, Südamerika und Australien. Die Antarktis ist nicht dauernd bewohnt. Nimmt man Mittelamerika und Südamerika zusammen, so liegt diese Region Lateinamerika vor Nordamerika.

Berücksichtigt man die Bevölkerungsdichte, so entsteht eine andere Reihenfolge. Europa und Asien haben etwa die gleiche Bevölkerungsdichte von 92 E./km^2. Darauf folgen mit großem Abstand Lateinamerika (17 E./km^2), Afrika (15 E./km^2) und Nordamerika (13 E./km^2). Die Sowjetunion hat eine Bevölkerungsdichte von 12 E./km^2. Australien und Ozeanien sind mit 2 E./km^2 äußerst dünn besiedelt.

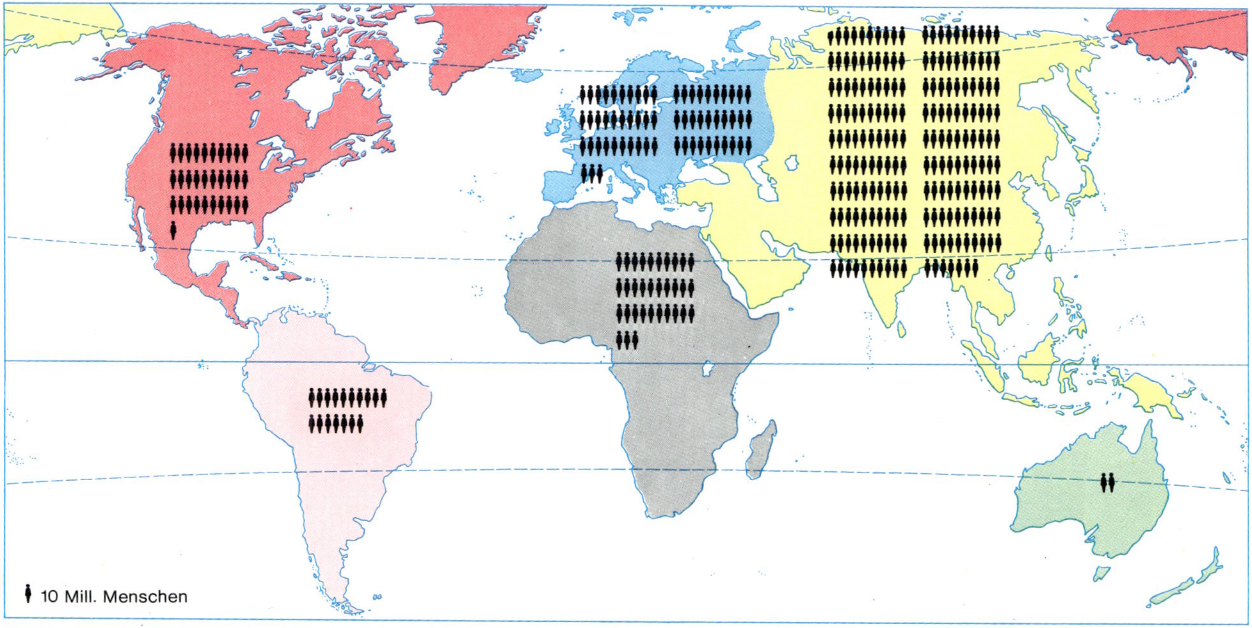

Bevölkerung der Erdteile

Bevölkerungswachstum

Seit etwa 1 Mill. Jahre leben Menschen auf der Erde. Anfangs waren es wenige, sie hatten ausreichend Naturraum zu ihrer Verfügung. Heute gibt es bereits so viele Menschen, daß das Überleben der Menschheit gefährdet scheint. Immer schneller wächst ihre Zahl, immer mehr Kinder werden geboren, von denen viele nie genug zu essen erhalten, niemals Arbeit finden oder ein Dach über dem Kopf haben werden.

Jeden Tag wächst die Erdbevölkerung um die Einwohnerzahl einer Großstadt wie Braunschweig, nämlich um rund 260 000 Menschen. Das sind jährlich 80–90 Mill. Menschen. Wenn man jede Sekunde drei Striche zöge, wäre das gegenwärtige Tempo getroffen.

In 9000 Jahren hat sich die Menschheit bisher achtmal verdoppelt. Die Zeitspannen der Verdoppelung verminderten sich von anfangs 2500 auf 100 Jahre. Die gegenwärtig neunte Verdopplung wird nur noch 35 Jahre dauern. Auf der Erde werden im Jahre 2000 statt bisher 4,2 Mrd. etwa 6 Mrd. Menschen leben müssen. Das ist die »lautlose Explosion« der Erdbevölkerung, die wie eine Lawine über uns kommt. Aber die Erde wächst nicht mit.

Das Bevölkerungswachstum erfolgt in den verschiedenen Großräumen der Erde sehr unterschiedlich. Insgesamt kann man feststellen, daß in den Industrieländern Europas, in den USA und Kanada sowie in der UdSSR die Bevölkerungszunahme stockt oder gering bleibt. In den Entwicklungsländern findet jedoch die Bevölkerungsexplosion statt. Am heftigsten ist das Bevölkerungswachstum in Asien (ohne die Sowjetunion) und in Südamerika.

Außerdem sind Phasenverschiebungen des Bevölkerungswachstums zu erkennen. Zwischen 1800 und 1900 wächst in Nordamerika und Europa die Bevölkerung sehr stark, in Afrika und Asien ist in dieser Zeitspanne nur eine geringe Zunahme zu verzeichnen. 1900–1950 nimmt das Wachstum in Europa und Nordamerika ab und in Afrika und Asien zu. Diese Entwicklungslinie verstärkt sich bis zum Jahre 2000 so, daß die Zunahme in Europa und Nordamerika gering und in Afrika und Asien sehr stark sein wird. Diese regionalen Unterschiede in der Bevölkerungsentwicklung führen dazu, daß 80 % der Erdbevölkerung in Entwicklungsländern leben werden.

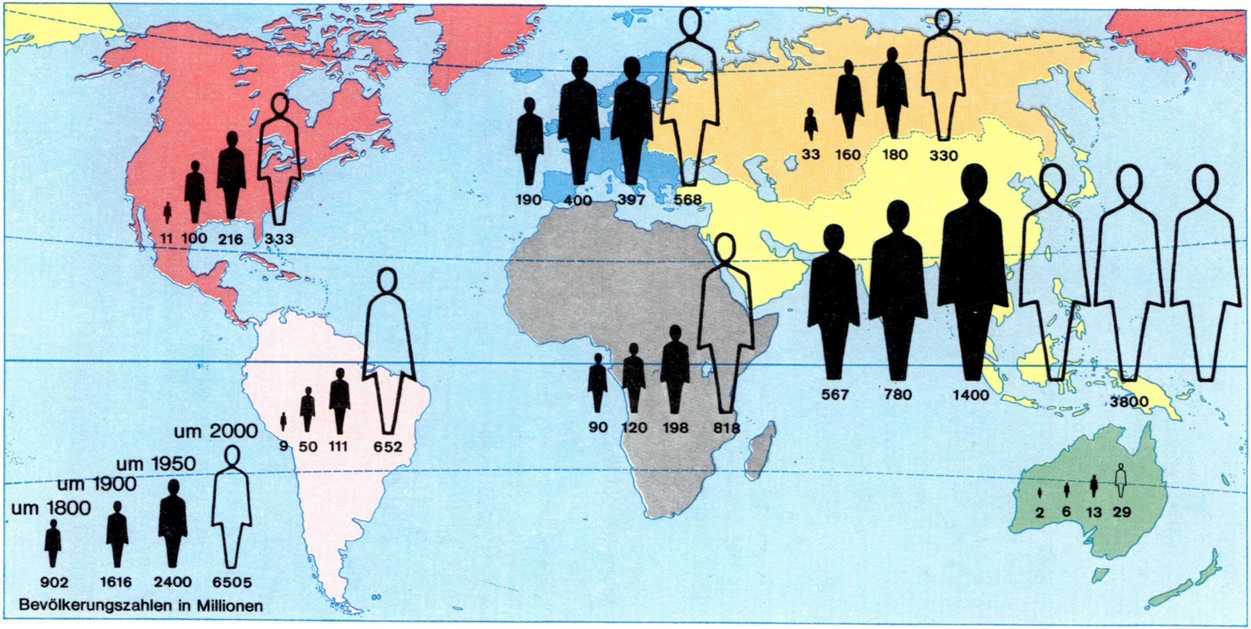

Bevölkerungswachstum der Erdteile

Bevölkerungsdichte

Karte auf S. 116/117

Die mittlere Bevölkerungsdichte der Erde beträgt zur Zeit etwa 32 E./km². Eine beruhigend niedrige Ziffer, so scheint es. Aber dieser Durchschnittswert verschleiert die wahren Zustände. Gut drei Viertel der Menschheit drängt sich nämlich auf einem Siebentel der Landfläche. Damit sind vier Dichtezentren angesprochen: Der europäische Raum in Verbindung mit dem Küstensaum Nordafrikas, des Nahen Ostens und dem unteren Nillauf; die östlichen Gebiete Nordamerikas zwischen 70° und 100° W; der ost- und südostasiatische Raum, vor allem mit den Küstenregionen der VR China, Japans, Javas und Taiwans, der indische Subkontinent mit den besonders großen Verdichtungen entlang des Ganges. Hinzu kommen Dichtegebiete an der Westküste Nordamerikas, die Küstenregionen Südamerikas, Mittelamerika, die Oberguineaküste in Afrika, Ruanda und Uganda, das Hochland von Äthiopien, die Küstenebenen Süd- und Ostafrikas. Diesen Räumen mit auffallender Verdichtung stehen Landflächen mit einer geringen Bevölkerungsdichte, aber auch bevölkerungsleere Räume gegenüber.

Unübersehbar ist die Abhängigkeit der Bevölkerungsverteilung vom Klima, von der Küstennähe, von den Möglichkeiten der Bodennutzung und vom Stand der Industrialisierung. Dünn besiedelt sind die Polarzonen, die Nadelwaldzone, der tropische Regenwald, die Dornsavannen und Wüsten sowie die Hochgebirge. Bevorzugt werden die Laub- und Mischwälder der Mittelbreiten mit Fruchtwechselwirtschaft und Pflugbau sowie die subtropischen und tropischen Pflug- und Gartenbauländer mit jahrtausendealter Feldbautradition.

Der Großteil der Bevölkerung Asiens, Afrikas, Lateinamerikas und Australiens konzentriert sich in einem küstennahen Streifen von 100–200 km Tiefe. Zu dieser »Maritimität« kommt die »Fluvialität« der Bevölkerungsverteilung. Die großen Flüsse sind Verkehrsträger, sie führen in das Land hinein. Außerdem sind die Flüsse insbesondere in den Steppen, Savannen und Wüsten der Erde unentbehrliche Wasserspender. Als Beispiele seien Rhein, Nil und Indus genannt.

Selbstverständlich haben historisch-politische Kräfte einen maßgebenden Einfluß auf die Verteilung der Bevölkerung. Hauptstädte und Handelsniederlassungen tragen zur Verdichtung bei.

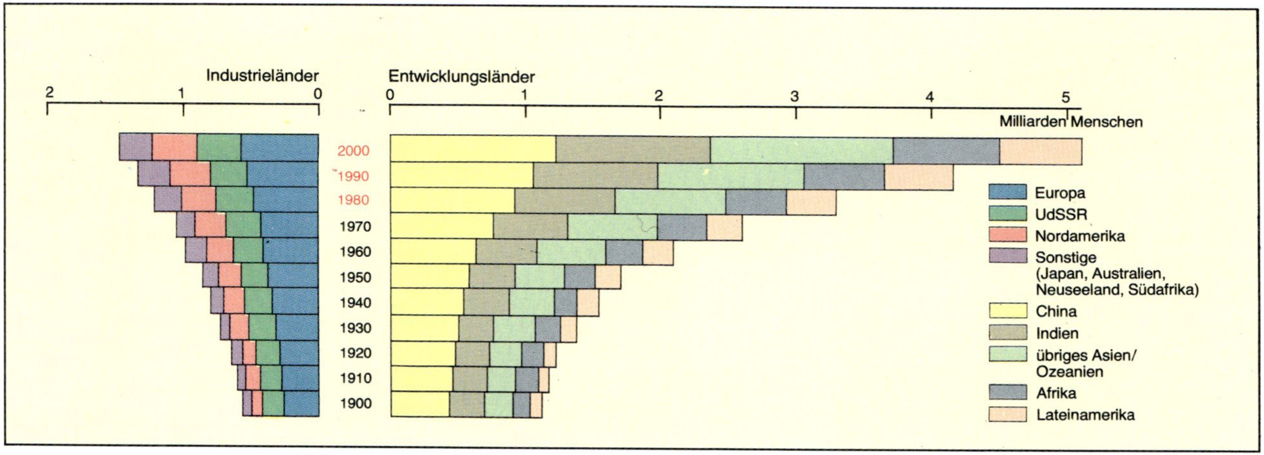

Explosionsartiger Anstieg der Weltbevölkerung bis zum Jahre 2000

Text auf S. 114

Großstädte
(Stadt mit Vororten, Agglomeration)

• 500 000 - 1 000 000
○ 1 000 000 - 5 000 000 Einwohner
□ über 5 000 000 Einwohner

Bevölkerungsgrößen

Es gibt verschiedene Möglichkeiten, die Verteilung der Bevölkerung kartographisch darzustellen, wobei jede Darstellungsart Vorzüge und Nachteile aufweist. Im vorliegenden Beispiel wurde die Größe der Bevölkerung der einzelnen Staaten der Erde in eine Flächeneinheit umgesetzt. In der Darstellung wurden die Lagebeziehungen der Staaten beibehalten.

So lassen sich Rückschlüsse ziehen – im Vergleich mit einer physischen Karte der Erde – auf die Bevölkerungsdichte in den einzelnen Staaten und Regionen der Erde, man kann das bevölkerungspolitische »Gewicht« der Staaten aus der Karte ablesen.

So eindrucksvoll dieses Bild sein mag, so wenig erfährt man hieraus allerdings über die tatsächliche Verteilung der Bevölkerung:

– daß auf nur 3 % der Landoberfläche immerhin ein Drittel der Bevölkerung sich drängt,
– daß ein weiteres Drittel der Erdbevölkerung weitere 8 % der Oberfläche unseres Planeten beansprucht,
– daß schließlich das dritte Drittel die restlichen fast 90 % unserer Erde bewohnt,
– daß etwa ein Zehntel der Erdbevölkerung in Städten mit über 1 Mill. Einwohner lebt,
– daß weite Gebiete der Erde als Anökumene unbewohnbar sind,
– daß die Erdbevölkerung sich in bestimmten Klimaregionen konzentriert.

Andererseits aber werden hier Tatsachen verdeutlicht, über die man in anderen Darstellungen leichter hinwegsieht:

– die gewaltigen Bevölkerungsmassen Chinas und Indiens, die zusammen mehr als die Hälfte der Erdbevölkerung ausmachen;
– die relativ niedrigen Bevölkerungszahlen der Staaten Afrikas und Lateinamerikas;
– das Übergewicht der Entwicklungsländer gegenüber den Industriestaaten;
– die weiten, unbesiedelten Leerräume, die Staaten wie Kanada und Australien besitzen;
– die Zersplitterung Afrikas in eine Vielzahl von Kleinstaaten.

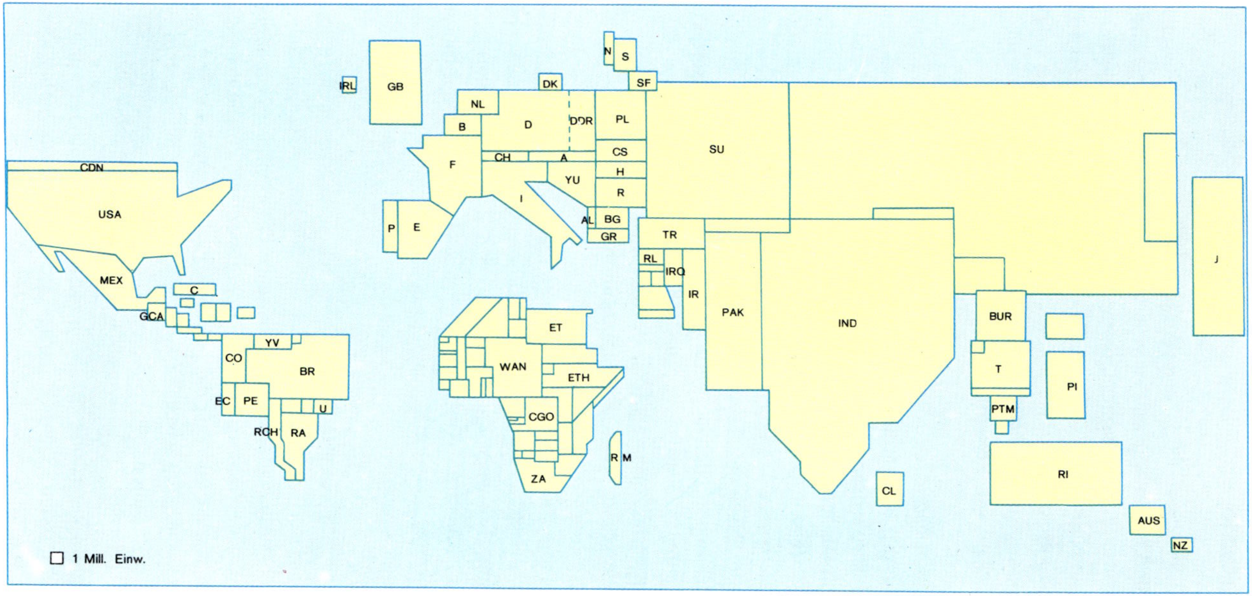

Die Größe der Staaten gemessen an ihrer Einwohnerzahl

Millionenstädte

Städte gibt es seit etwa 6000 Jahren. Voraussetzung für die Entwicklung städtischer Siedlungen war und ist eine weitreichende Arbeitsteilung, also eine bestimmte Kulturhöhe. Ursprünglich waren die Städte – nicht nur in unserem Kulturraum – gegenüber dem Lande genau abgegrenzt. Die größten Städte der Antike sollen bis zu 200 000 Einwohner gezählt haben; für das europäische Mittelalter nimmt man ähnliche Größenordnungen für Städte wie Venedig oder Neapel an.

Erst als mit Einsetzen der Industrialisierung die Bevölkerung anwuchs und die wirtschaftlichen Zentren das Ziel von Millionen Binnenwanderern wurden, sprengten die mittelalterlichen Städte ihre Mauern. Erstmals wurde um 1870 versucht, die Großstädte der Erde statistisch zu erfassen; bereits damals glaubte man, 10 Millionenstädte erdweit feststellen zu können. 1914 zählte man 16, 1939 bereits 37 Millionenstädte. Nach dem II. Weltkrieg beschleunigte sich das Tempo der Urbanisierung und der Konzentration der Bevölkerung in Städten höchster Ordnung. 1950 gab es 65, 1970 schon etwa 100 Millionenstädte. Derzeit leben bereits mehr als 10 % der Erdbevölkerung in Millionenstädten. Heute soll es schon über 150 Millionenstädte geben.

Wenn man ihre Zahl nicht exakt angeben kann, so hat dies folgende Gründe: Die Statistiken definieren die »Millionenstadt« teilweise recht unterschiedlich. So weist man z. B. in den USA die »Standard Metropolitan Statistical Areas« aus, die zwar über eine Million Einwohner besitzen, deren Kernstädte aber mitunter weit unter der Millionengrenze liegen.

Die meisten Millionenstädte liegen in den Industriestaaten, doch nimmt der Grad der Verstädterung gerade in den Entwicklungsländern in der jüngsten Vergangenheit am stärksten zu. Dort sind es besonders die küstennahen Verwaltungs- und Wirtschaftszentren, die die Produktionsfaktoren Arbeit und Kapital aus dem Landesinneren ansaugen. Dort allerdings kann das wirtschaftliche Wachstum mit der Verstädterung nicht Schritt halten.

Die regionale Verteilung der Millionenstädte ergibt: Europa 29, Sowjetunion 11, Asien 53, Nordamerika 35, Mittel- und Südamerika 16, Australien 2, Afrika 6.

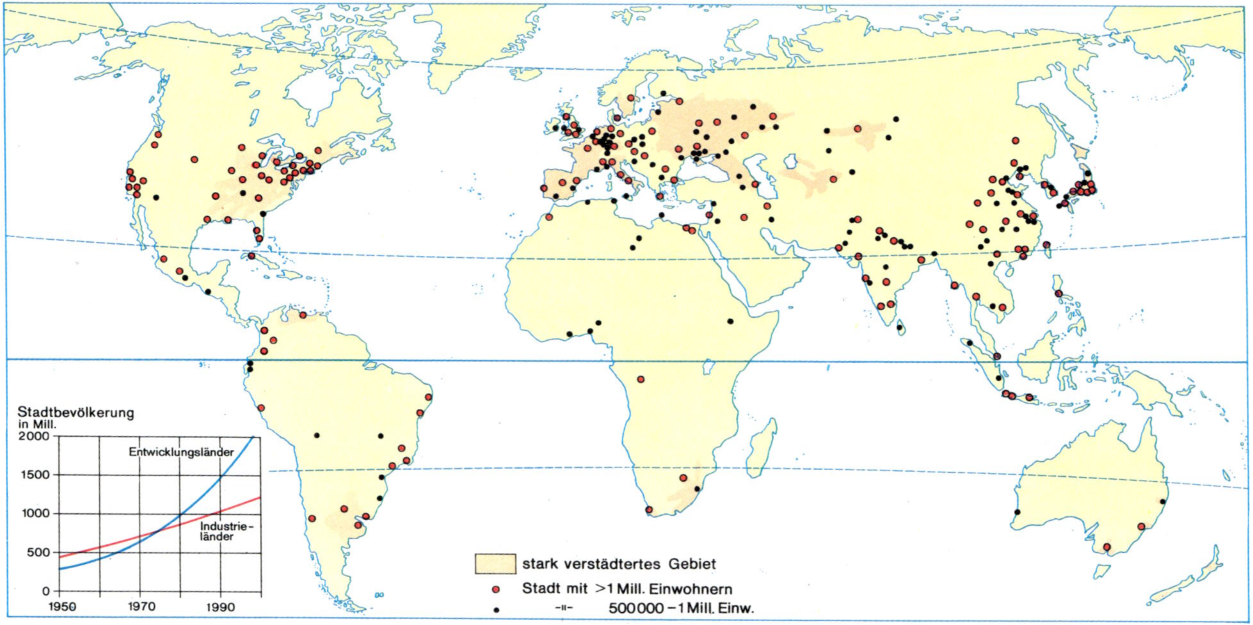

Millionenstädte und stark verstädterte Gebiete

Verstädterung

In den letzten einhundert Jahren hat die städtische Bevölkerung erheblich zugenommen. Dabei ist sie nicht nur zahlenmäßig gewachsen, sondern auch ihr Anteil an der stark vermehrten Weltbevölkerung hat sich ständig erhöht. Immer mehr Menschen leben in Städten oder in deren Einflußbereich, immer mehr breiten sich städtische Lebensformen auch auf ländliche Gebiete aus.

Verstädterung ist in diesem Zusammenhang ein Vorgang. Die Zahl der städtischen Siedlungen nimmt zu, vor allem aber deren Bevölkerungszahl und Fläche. Damit verbindet sich ein überdurchschnittliches Wachstum der städtischen gegenüber der ländlichen Bevölkerung. Dieser Vorgang ist eng gekoppelt mit der Industrialisierung, die eine Ballung von Produktion, Gewerbe, Handel und Dienstleistungen in den Städten mit sich bringt. Die Erwerbsmöglichkeiten im Bereich der Städte führen zur Landflucht.

Diese Landflucht ist heute noch keineswegs abgeschlossen, sondern insbesondere in den Ländern der Dritten Welt verläßt ein unaufhaltsamer Strom von vorwiegend jungen Leuten die ländliche Heimat, um in der Stadt Lebens- und Erwerbsmöglichkeiten zu suchen. Die Elendsviertel am Rande der Großstädte stellen große Auffanglager für diese Zugezogenen dar. Im Gegensatz dazu ist in manchen Regionen der Industrieländer bereits eine Stadtflucht festzustellen. Hier sind die stadtnahen ländlichen Räume bevorzugte Siedlungsgebiete der städtischen Bevölkerung geworden.

Der Begriff der Verstädterung kann sich aber auch auf einen Zustand beziehen. Der Anteil derjenigen, die in einem solchen Verdichtungsraum leben, liegt in den einzelnen Regionen der Erde unterschiedlich hoch. Die höchsten Werte ergeben sich für Großbritannien (90 % städtische Bevölkerung) und Australien (87 %). Diese beiden Länderbeispiele zeigen, wie wenig dieser Prozentwert über die räumliche Bevölkerungsverteilung aussagt. In England liegen die Großstädte nahe beieinander, dazwischen ist ein dichtes Netz von Klein- und Mittelstädten. In Australien dagegen stehen Ballungsgebieten riesige siedlungsarme Räume gegenüber. Wenn man Lateinamerika und Afrika/Asien miteinander vergleicht, wird auch der Zusammenhang zwischen dem Industrialisierungs- und dem Verstädterungsgrad deutlich.

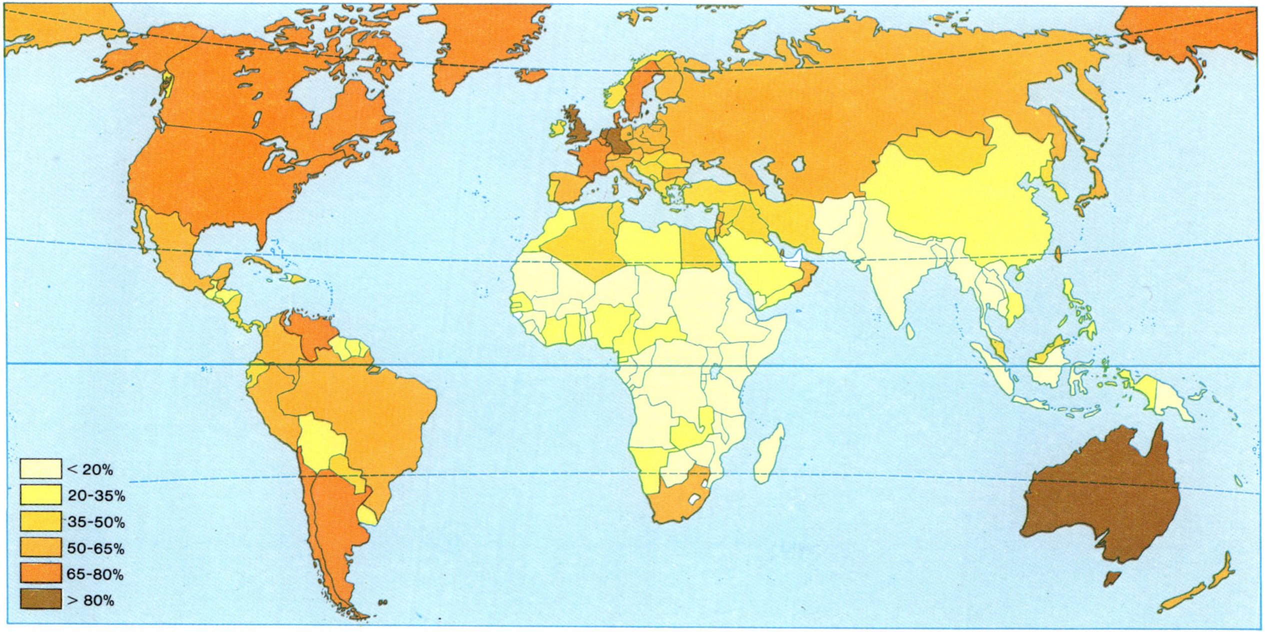

Anteil der Stadtbevölkerung

Text auf S. 126

1 ALTSCHICHTRASSEN

Ai = Ainuide
W = Weddide

Zwergwuchsrassen

Aë = Aëtide (Negritos)
An = Andamanide
B = Bambutide (Afrikanische Pygmäen)

2 EUROPIDE GROSSRASSE
3 NEGRIDE GROSSRASSE
4 MONGOLIDE GROSSRASSE

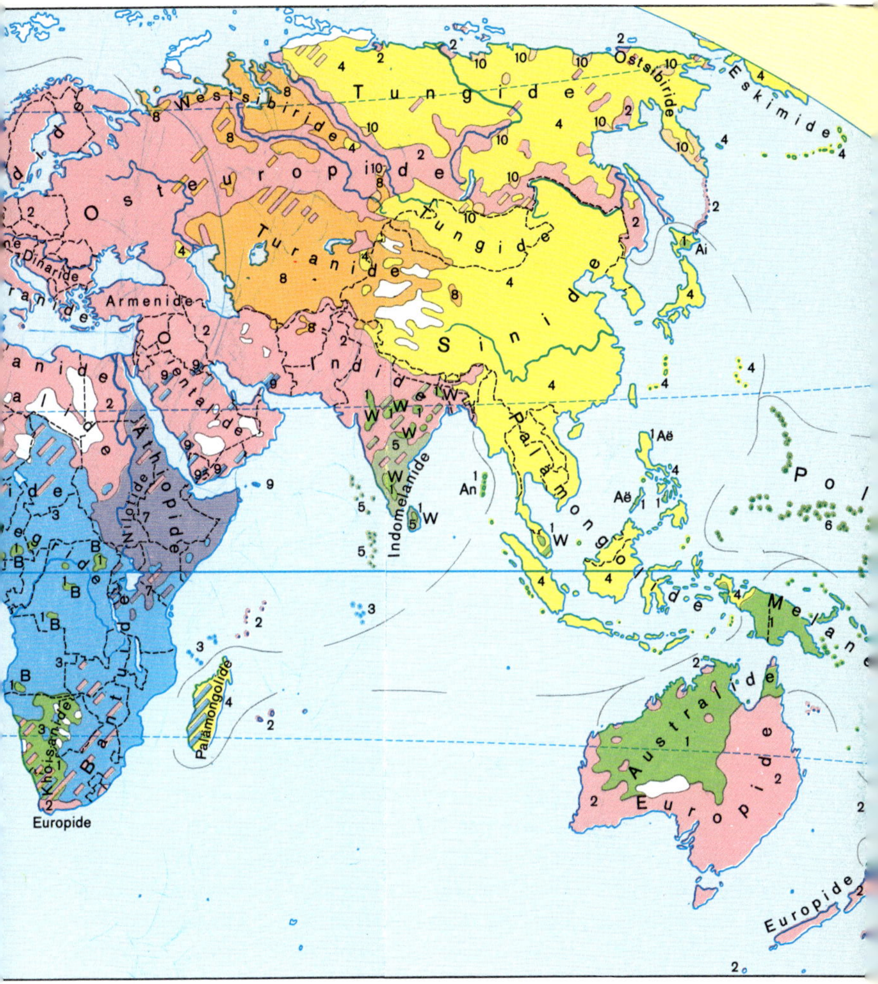

KONTAKT- UND
ÜBERGANGSRASSEN
zwischen

5	Altschichtrassen und europider Großrasse
6	Altschichtrassen und mongolider Großrasse
7	europider und negrider Großrasse
8	mongolider und europider Großrasse

NEUZEITLICHE
MISCHFORMEN
zwischen

9	negrider und europider Großrasse
10	mongolider und europider Großrasse
	unbewohnte Gebiete

Rassen

Karte auf S. 124/125

Die Menschen sind von Natur aus verschieden. Ein Chinese sieht ganz anders aus als ein Neger. Sie unterscheiden sich nach ihren Körpermerkmalen voneinander. Am Kopf sind diese Merkmale gut erkennbar. Danach lassen sich drei Großrassen und eine Altschichtrasse ausgliedern.

Die mongolide oder »gelbe« Großrasse umfaßt etwa 50 % der Weltbevölkerung. Ihre Siedlungsräume sind Nord-, Zentral-, Ost- und Südostasien. In vorgeschichtlicher Zeit wurde auch Amerika besiedelt.

Die europide oder »weiße« Rasse ist erdweit verbreitet und umfaßt etwa 40 % der Menschheit. Ihre ursprünglichen Siedlungsräume sind Europa, Nordafrika, Vorderasien und Indien. Mit dem Zeitalter der großen Entdeckungen beginnt nach 1500 die Europäisierung der Erde. Europide siedeln nun auf der ganzen Erde. Überwiegend Nordide wandern nach Nordamerika aus. In Lateinamerika, insbesondere Mexiko und im Küstenbereich von Südamerika sowie in Argentinien und Chile lassen sich mediterranide Auswanderer aus Südeuropa nieder. Nordide gehen auch in das südliche Afrika, in die Hochländer Ostafrikas sowie nach Australien und Neuseeland. In Nordasien dringen Osteuropide längs der Südgrenze des Nadelwaldes vor.

Die negride oder »schwarze« Großrasse umfaßt etwa 10 % der Menschheit. Sie bewohnte bis in das 16. Jahrhundert nur den afrikanischen Kontinent zwischen der Sahara und der Kalahari. Seit dem 17. Jahrhundert wanderten Bantuide in das südliche Afrika ein. Sie stießen dort auf die nach Norden vordringenden Europiden. Von den weißen Kolonisten der Südstaaten Nordamerikas wurden seit dem 17. Jahrhundert Negersklaven aus Afrika eingeführt. In der Epoche des Frühkolonialismus wurden Negersklaven auch auf die Westindischen Inseln und an die brasilianische Küste verschleppt.

Rückzugsgebiete der Altschichtrasse sind Regenwald, Dornsavanne und Halbwüste. Bis um 1500 kam es nur an den Berührungslinien der Rassen zu Vermischungen. So entstanden die Kontakt- und Übergangsrassen. Kolonialismus, zunehmende Verflechtung der Weltwirtschaft und Massentourismus führen in der Neuzeit immer mehr Menschen verschiedener Rassen zusammen.

Sprachen

Karte auf S. 128/129

Die Menschen eines Volkes sind durch ihre Sprache verbunden. Man schätzt die Zahl der Sprachen und Völker auf 2500–3500. Die größten Sprachen der Erde sind Chinesisch, Englisch, Spanisch, Hindi, Russisch, Arabisch, Bengali, Portugiesisch, Deutsch, Japanisch und Französisch.

Die Sprachen lassen sich nach Sprachstämmen ordnen. Fast die Hälfte aller Sprachen gehören zum indogermanischen Sprachstamm, darauf folgen die tibeto-chinesischen Sprachen mit einem Anteil von 25 %. Das restliche Viertel entfällt auf die anderen Sprachen.

Die indogermanischen Sprachen werden von den Völkern Europas und den Europiden Asiens gesprochen. Ausnahmen bilden Sprachinseln finno-ugrischer Sprachen sowie das Türkische. Im Lebensraum europider Völker Nordafrikas und Arabiens werden hamito-semitische Sprachen gesprochen. Indessen bedienen sich die negriden Völker Afrikas der zahlreichen Sudan- und Bantusprachen. Die mongoliden Völker Asiens sprechen in der Mitte und im Norden Turksprachen und mongolische Sprachen, während im Osten und Südosten thai-chinesische Sprachen vorherrschen. Die malaio-polynesischen Sprachen sind im Malaiischen Archipel und in Ozeanien verbreitet.

In Europa decken sich die Sprachgrenzen häufig mit den Staatsgrenzen. In Nationalstaaten wird nur eine Sprache gesprochen. Mehrsprachigkeit herrscht in Nationalitätenstaaten. Eine gleiche Muttersprache festigt den Zusammenhalt eines Staates. Darum wird in den Nationalstaaten eine Sprache in den Schulen zum Pflichtunterricht erklärt.

In Afrika fehlen großräumige Sprachbereiche. Die Sprachenvielfalt ist so stark, daß in vielen afrikanischen Staaten zahlreiche Sprachen gesprochen werden. Die Sprachen der ehemaligen Kolonialmächte bleiben als Verkehrssprachen unentbehrlich.

Im Zuge der Europäisierung konnten sich in Amerika drei einheitliche Sprachgebiete herausbilden. Angloamerika eint die englische Sprache. Abgesehen von Sprachinseln der Indianer und anderer westeuropäischer Sprachen werden in Lateinamerika weit vorherrschend Spanisch und Portugiesisch gesprochen.

Sprachgruppen

unbewohnte Gebiete

Text auf S. 127

Religionen

Immer schon haben Religionen einen starken Einfluß auf den Menschen, auf seine Lebenshaltung, seine Wirtschaftsweise, die Gestaltung seiner Siedlungen ausgeübt. Sie stellen daher ein bestimmendes Element der Kulturlandschaft und insgesamt des Lebensraumes fast aller Staaten dar.

Die Verbreitung der Religionen kartographisch festzuhalten, ist aus mehreren Gründen problematisch: Es gibt viele Großregionen der Erde, in denen mehrere Religionen vorkommen, und zwar in einem Kleinmosaik, das sich der kartographischen Fixierung entzieht. Ferner gibt es Gebiete, in denen der einzelne durchaus mehreren Religionen zugerechnet werden kann: So ist es z. B. für den Japaner gebräuchlich, daß er nach shintoistischem Ritus heiratet und von Buddhisten beerdigt wird. Ein besonderes Problem stellen die Konfessionslosen dar, deren Anteil in den einzelnen Staaten meist nicht genau festgestellt werden kann. Dies gilt in erster Linie für die Staaten unter kommunistischer Herrschaft, wie die UdSSR und die VR China. Dort nimmt der Anteil der Konfessionslosen ständig zu (UdSSR ca. 73 %).

Die stärkste Verbreitung weist die christliche Religion auf, die sich im Rahmen der europäischen Kolonisation über alle Kontinente ausdehnte. Ihr Anteil an der Weltbevölkerung geht jedoch wegen des stärkeren Wachstums der Bevölkerung in nichtchristlichen Ländern zurück. Dagegen findet der Islam dort vor allem auch heute noch eine zunehmende Verbreitung, wo die christlichen Religionen aufgrund der kolonialen Vergangenheit – als Religionen der ehemaligen Kolonialherren – vorbelastet sind. Auch der Islam ist in zahlreiche religiöse Richtungen gespalten, zur Zeit jedoch als einzige Weltregion weltweit im Vordringen.

Hinduismus, Buddhismus, Lamaismus, Shintoismus und Konfuzianismus sind insgesamt Religionen, die stark regional gebunden blieben und keine Ausbreitung durch organisierte Mission erfahren.

Naturreligionen haben sich in Rückzugsgebieten mancher Völker, zumeist der Ureinwohner, halten können. Zwar erweckt die Karte den Eindruck, als seien sie sehr weit verbreitet, doch kommen sie fast ausschließlich in sehr dünn besiedelten Gebieten vor.

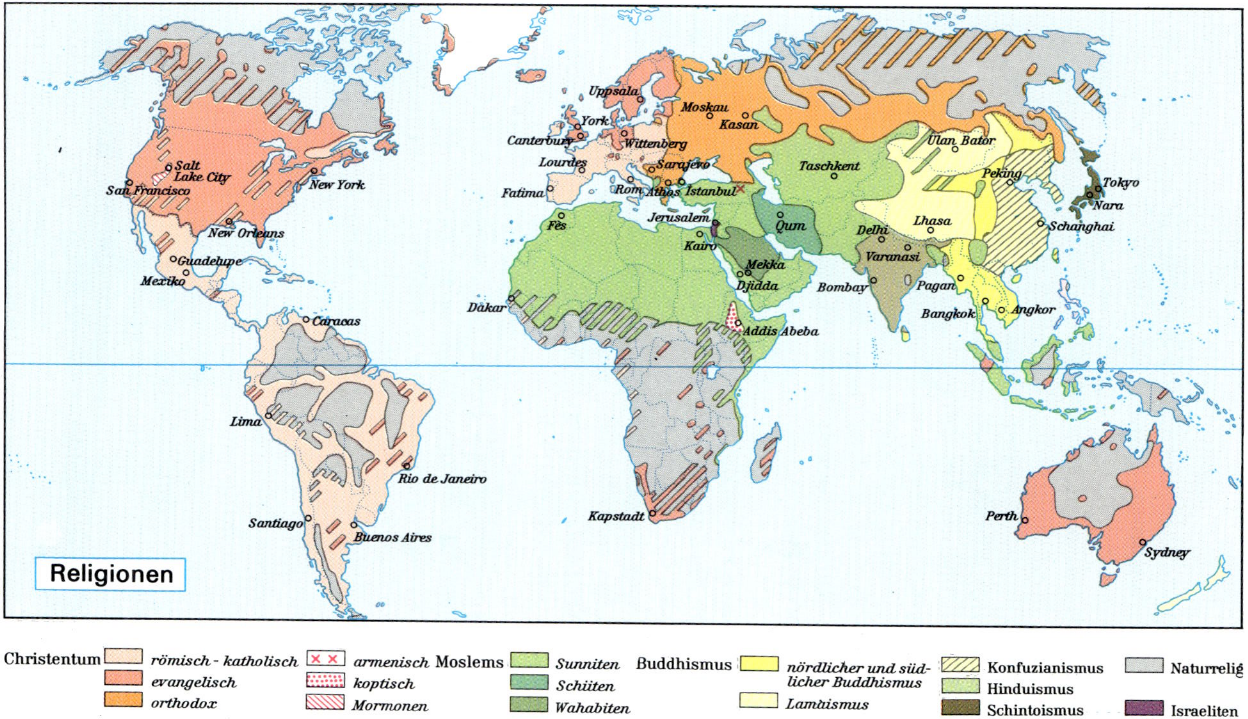
Religionen
Uppsala
York
Canterbury
Wittenberg
Lourdes
Fatima
Rom
Athos
Sarajevo
Istanbul
Moskau
Kasan
Taschkent
Ulan Bator
Peking
Tokyo
Nara
Schanghai
Lhasa
Delhi
Varanasi
Bombay
Pagan
Bangkok
Angkor
Qum
Jerusalem
Kairo
Mekka
Djidda
Fès
Dakar
Addis Abeba
Kapstadt
Perth
Sydney
Salt Lake City
San Francisco
New York
New Orleans
Guadelupe
Mexiko
Caracas
Lima
Rio de Janeiro
Santiago
Buenos Aires
Christentum
römisch - katholisch
evangelisch
orthodox
armenisch
koptisch
Mormonen
Moslems
Sunniten
Schiiten
Wahabiten
Buddhismus
nördlicher und südlicher Buddhismus
Lamaismus
Konfuzianismus
Hinduismus
Schintoismus
Naturrelig
Israeliten

Kulturräume

Seit wenigen Jahrzehnten erst stehen die Völker und Staaten der Erde in ständiger Berührung. Demgegenüber waren in den vergangenen Jahrtausenden der Menschheitsgeschichte Beziehungen zwischen Völkern nicht existent oder wurden immer wieder unterbrochen.

So konnten sich aus verschiedenen Gründen unabhängig voneinander Kulturen entwickeln, die in bestimmten Erdräumen das Landschaftsbild und die Lebensformen der Menschen prägen. Durch Erfindungen, Entdeckungen und Erfahrung haben sich die Menschen in einem Lebensraum eine Kultur geschaffen. Sie kommt in ihrem Besitz an stofflichen wie geistigen Gütern zum Ausdruck. Bauwerke wie Schlösser, Kirchen, Tempel, Theater oder Rathäuser, aber auch Bildwerke und Bücher machen die materielle Kultur eines Volkes aus.

Deutlich tritt Kultur durch Religion, Wissenschaft und Kunst zutage; sie kommt aber auch im Besitz an technischen Fertigkeiten und Erzeugnissen und in den Lebens- und Wirtschaftsformen der Völker zum Ausdruck. Da diese auch von den Naturfaktoren in einem Lande abhängen, hat der Lebensraum eines Volkes Einfluß auf die Lebensform seiner Bewohner und letztendlich auf die Kultur. Die Kulturräume der Erde prägen das Weltbild.

Seit dem Zeitalter der großen Entdeckungen im 15. und 16. Jahrhundert wird von Europa ausgehend die wissenschaftliche Erforschung der Erde betrieben. Sie war begleitet von der Besitznahme der Erde durch Europäer. Auf dem Höhepunkt dieses Kolonialzeitalters schien die Vorherrschaft Europas auf der Erde gesichert.

Doch die neue in West- und Mitteleuropa entwickelte Lebensform der industriellen Gesellschaft blieb nicht auf diesen Teil der Erde beschränkt. Mit der Industrialisierung der USA und später Rußlands bzw. der UdSSR entstanden Konkurrenten. Infolge zweier Weltkriege und zweier Revolutionen von geschichtlicher Bedeutung in Rußland und China wurde das Weltbild der Gegenwart entscheidend umgeprägt. Einerseits bedeuteten die Unabhängigkeitsbestrebungen der außereuropäischen Völker das Ende der Europäisierung der Erde, andererseits droht die weitere Ausbreitung der europäischen Industriekultur zu einer Einebnung der kulturellen Vielfalt auf der Erde zu führen.

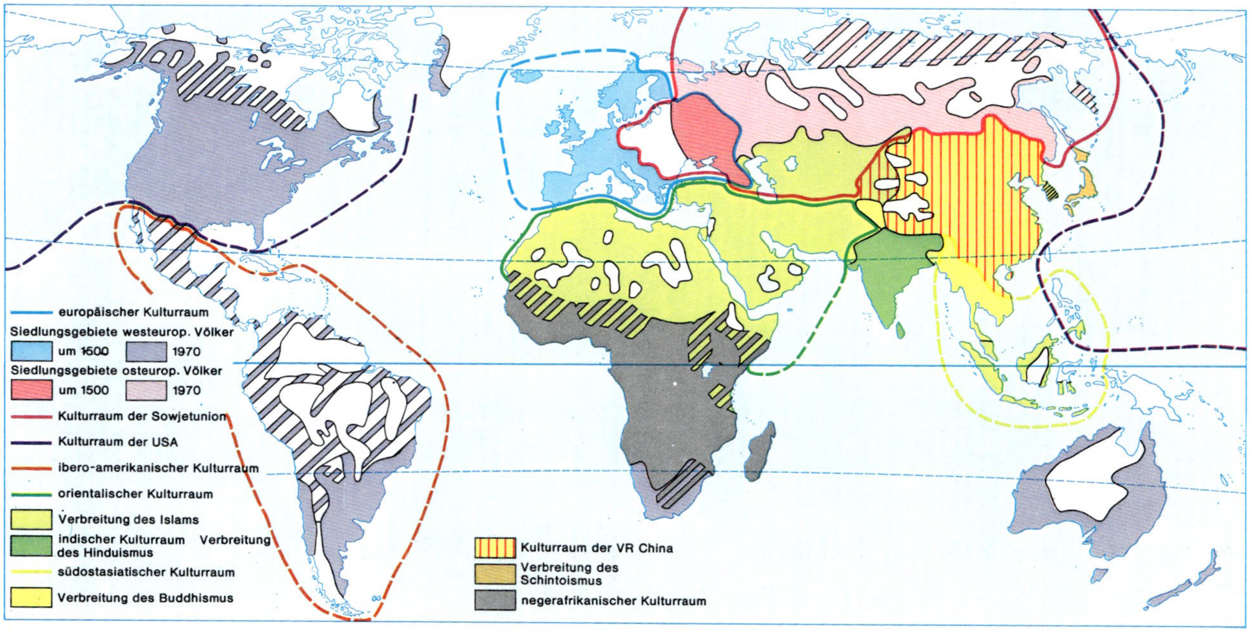

Kulturräume

Altersgruppen

Der Anteil der verschiedenen Altersgruppen einer Bevölkerung spiegelt einerseits deren generatives Verhalten, medizinische Versorgung, Lebenserwartung, Ernährungslage, jüngste Geschichte wie Kriege und andere Katastrophen wieder, andererseits wirkt der Altersaufbau – vor allem ein unausgeglichener – in Form von »Bergen« und »Tälern« auf die zukünftige Kurve der Bevölkerungsentwicklung ein. Ebenso ist der Altersaufbau für die Versorgung der Kinder und Jugendlichen z. B. mit Kindergärten und Schulen und für die Alterssicherung der Pensionäre und Rentner von entscheidender Bedeutung. Die berufstätige Altersgruppe trägt jeweils die Versorgungslast für die jungen und alten Bevölkerungsteile.

Der Altersaufbau der Bevölkerung ist aber sowohl von Land zu Land als auch innerhalb der einzelnen Länder und wiederum innerhalb größerer Siedlungen sehr unterschiedlich. 1975 streute der Anteil der Kinder und Jugendlichen (unter 15 Jahren) weltweit zwischen einem Anteil von 20 bis 50 %. Auf der einen Seite standen Länder mit einem geringen Anteil von jungen Menschen mit 20 % wie z. B. Schweden und Luxemburg und auf der anderen Seite Länder mit einem hohen Anteil von Jugendlichen wie Kenya, Syrien und Laos mit knapp 50 %.

Ähnlich unterschiedlich sind die Anteile der alten Menschen innerhalb der einzelnen Völker. Legt man die Grenze bei 65 Jahren, so schwanken die Unterschiede zwischen 2 und 16 %, legt man sie aber bei 60 Jahren so streuen sie zwischen 2 und 30 %. Ganz kraß werden die Differenzen, wenn man die Grenze bei 45 Jahren ansetzt, dann schwanken die Werte zwischen 10 und 45 %. Indien und Kuwait zählen z. B. zu den Ländern mit einem sehr geringen Anteil von über 60jährigen Menschen von nur 2–3 %, dagegen haben Schweden, Norwegen und Großbritannien Anteile von bis zu 40 % aufzuweisen. Die UNO-Statistik verwischt die sozialpolitisch brisanten Differenzen weitgehend.

Sowohl in den Industrieländern als auch in den Entwicklungsländern ist die ländliche Bevölkerung infolge der höheren Geburtenziffern jünger als die städtische. Trotz der Landflucht der erwerbstätigen Gruppen sind viele Städte und insbesondere bestimmte Stadtteile durch Überalterung geprägt.

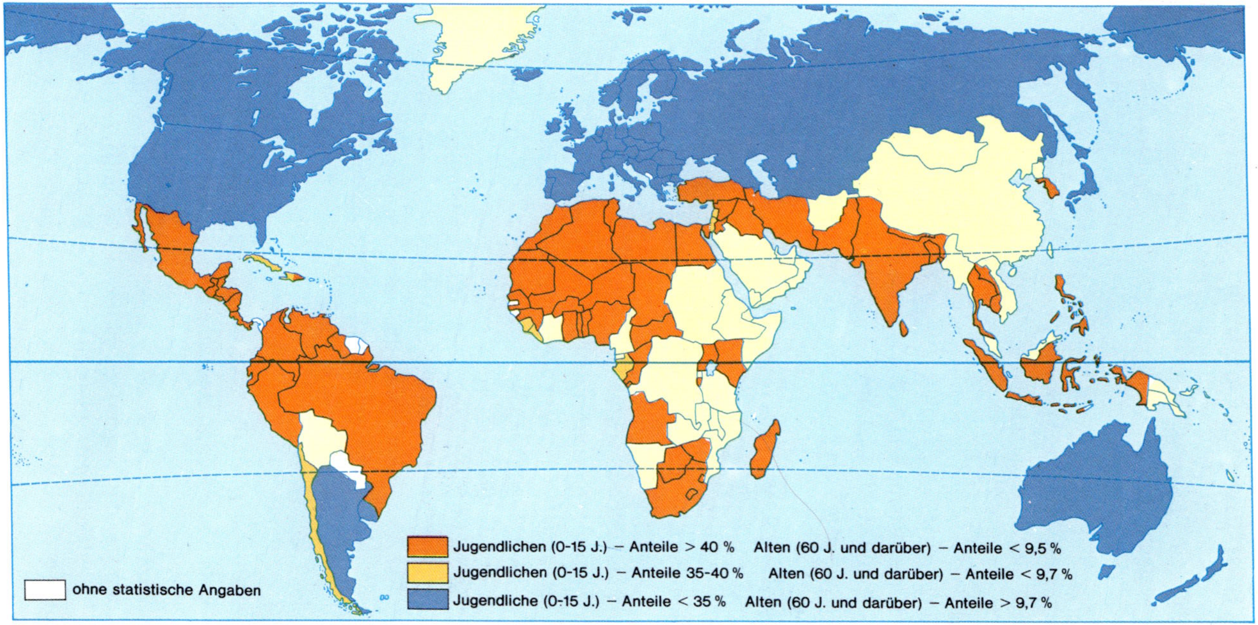

Anteile von Jugendlichen und Alten

Lebenserwartung und Geburten

Die Geburtenrate, Lebenserwartung und Kindersterblichkeit bestimmen im wesentlichen die Entwicklung der Bevölkerung eines Staates.

Jede Sekunde gibt es drei Menschen mehr auf der Welt – das sind fast 260 000 pro Tag. Davon sterben 2700 pro Tag an den Folgen des Hungers.

Die Kindersterblichkeit, d. h. die Zahl der Todesfälle von Kindern im ersten Lebensjahr und auch die Lebenserwartung sind abhängig von der Hygiene und medizinischen Versorgung und nicht zuletzt von der Ernährung und dem Lebensstandard der Bevölkerung.

Bei fast allen Ländern kann man vier Phasen der Bevölkerungsentwicklung unterscheiden:

1. die vorindustrielle Phase,
2. die frühindustrielle Phase,
3. die spätindustrielle Phase,
4. die nachindustrielle Phase.

Die vorindustrielle Phase zeichnet sich durch eine hohe Geburtenrate von über 30 ‰ aber auch einer sehr hohen Sterberate aus, die knapp unter der Geburtenrate liegt, so daß die Bevölkerung entweder gleich bleibt oder nur geringfügig steigt.

In der frühindustriellen Phase bleibt die Geburtenrate sehr hoch, aber die Sterberate wird durch den medizinischen Fortschritt und die fortschreitende Zivilisation schnell und stark erniedrigt. Dies bewirkt eine plötzliche und hohe Bevölkerungszunahme, die heute noch in den meisten Entwicklungsländern zu beobachten ist und als Bevölkerungsexplosion bezeichnet wird.

In der spätindustriellen Phase verringern die Familien ihre Kinderzahl, so daß die Bevölkerungszunahme stark zurückgeht.

In der nachindustriellen Phase bewirkt die Familienplanung eine Geburtenrate von durchschnittlich 10 ‰ und der hohe Zivilisationsstand eine Sterberate von unter 10 ‰, so daß sich Geburten- und Sterberate in etwa die Waage halten. Einige Industrieländer befinden sich bereits in dieser nachindustriellen Phase.

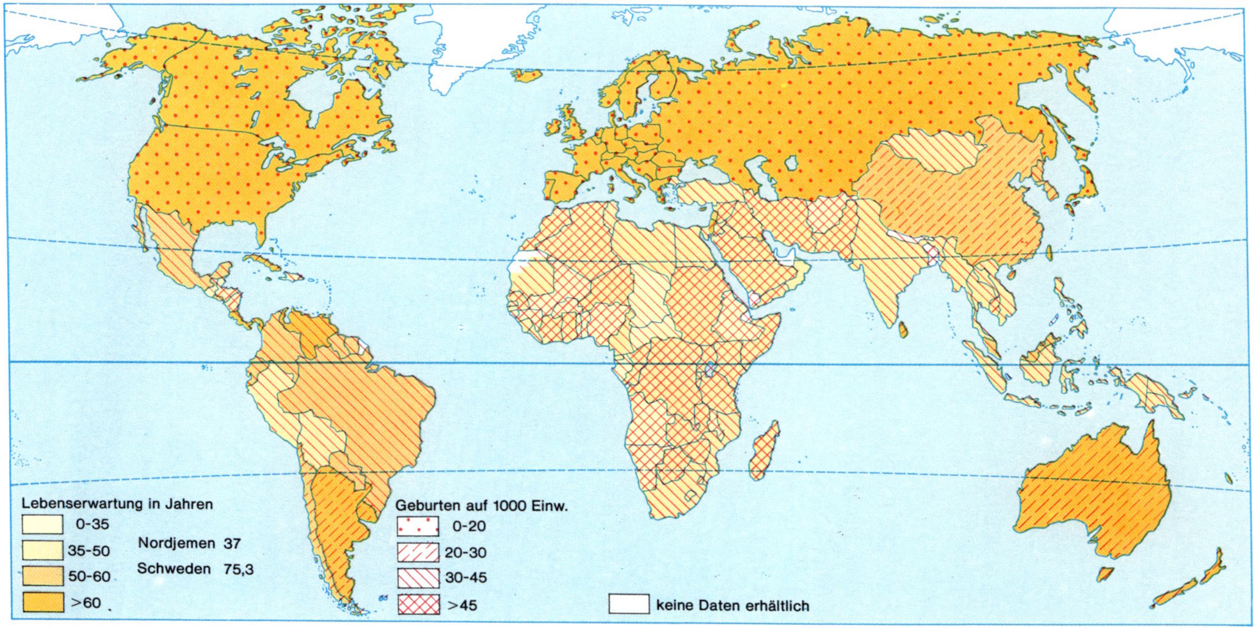

Lebenserwartung und Geburten

Lebenserwartung und ärztliche Versorgung

Drei von vier Milliarden Menschen, die heute auf der Erde leben, haben keinen oder so gut wie keinen Zugang zu irgendeiner medizinischen Versorgung. 85 % aller Kinder werden in der Dritten Welt geboren. 97 % aller Kinder, die auf der Welt sterben, sterben in den Entwicklungsländern. Hungrige Kinder sind für Krankheiten anfälliger als wohlgenährte. Obwohl Kinder unter fünf Jahren nur 20 % der Bevölkerung in den Entwicklungsländern ausmachen, rangieren sie in der Statistik mit 60 % aller Todesfälle. Dabei sind die ersten drei Lebensjahre die gefährlichsten.

Von den 80 Mill. Kindern, die jährlich in der Dritten Welt geboren werden, sterben pro Jahr etwa 5 Mill. an Diphtherie, Keuchhusten, Tetanus, Kinderlähmung, Masern und Tuberkulose. Mindestens 10 Millionen tragen dauernde schwere Schädigungen von den gleichen Krankheiten davon, die durch Impfungen weitgehend aus der Welt geschafft werden könnten. Nach Berechnungen der Weltgesundheitsorganisation WHO würde ein Impfprogramm für die 80 Mill. Kinder jährlich nur 4 DM pro Kopf kosten.

Patienten pro Arzt				*Lebenserwartung*			
UdSSR	350	Bolivien	2 120	Welt	59 Jahre	Afrika	45 Jahre
D	520	Indien	4 100	Europa	71 Jahre	Asien o. SU	56 Jahre
USA	610	Äthiopien	69 340	UdSSR	70 Jahre	Südamerika	62 Jahre

Zur besseren medizinischen Versorgung der Menschen in den Entwicklungsländern sind heute folgende Forderungen allgemein anerkannt:

- mehr medizinisches Hilfspersonal anstelle von wenigen Ärzten,
- viele kleine Gesundheitszentren auf dem Lande anstelle von wenigen großen Krankenhäusern,
- Vorrang für die traditionelle Medizin vor hochspezialisierter westlicher Medizin,
- sauberes Wasser vor Antibiotika,
- eigene Naturheilmittel vor neuesten westlichen Pharmazeutika,
- Muttermilch vor pulverisierter Babynahrung, die oft mit schmutzigem Wasser angerührt werden muß,
- ausreichende Ernährung anstelle von Vitaminpillen,
- Impfungen.

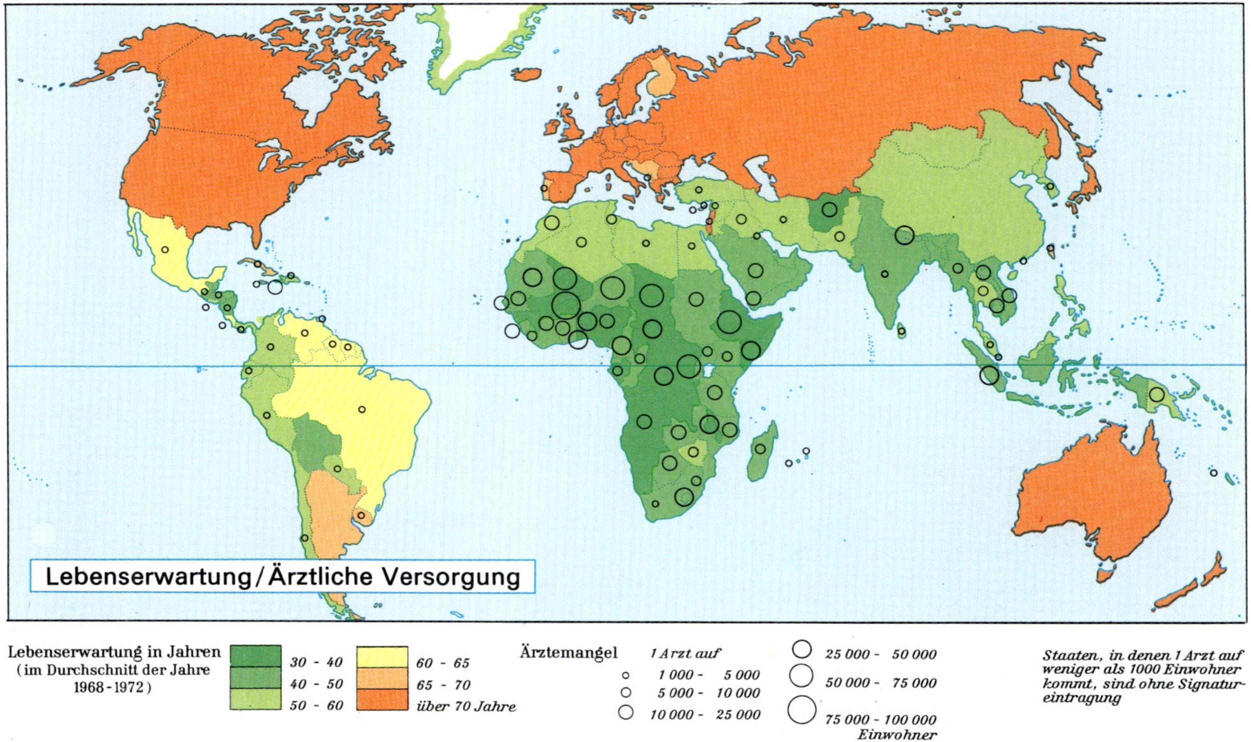
Lebenserwartung/Ärztliche Versorgung
Lebenserwartung in Jahren (im Durchschnitt der Jahre 1968-1972)
30 - 40
40 - 50
50 - 60
60 - 65
65 - 70
über 70 Jahre
Ärztemangel
1 Arzt auf
1 000 - 5 000
5 000 - 10 000
10 000 - 25 000
25 000 - 50 000
50 000 - 75 000
75 000 - 100 000 Einwohner
Staaten, in denen 1 Arzt auf weniger als 1000 Einwohner kommt, sind ohne Signatureintragung

Kinderarbeit und Schulbesuch

Kinderarbeiter von 0–14 Jahren 1975 *Schulbesuch in %*

Ländergruppen	Kinder-arbeiter/ 1000 E.	Grund-schul-besuch	Sekundar-schul-besuch
Industrieländer	1,1	102	79
Entwicklungsländer mit niedrigem Einkommen	32,0	58	9
Planwirtschaftsländer	0,8	100	62
Afrika	27,6	62	11
Asien	14,2	90	35
Europa	1,3	102	70
Bundesrepublik Deutschland	1,1	129	70
Nord- und Mittelamerika	6,5	107	41
USA	1,5		
Südamerika		105	45

Zahl der Grundschulbesucher bezogen auf die Zahl der 6- bis 11jährigen – ausgedrückt in %.

Wo die Prozentzahl 100 übersteigt, besuchen noch unter 6- und über 11jährige die Grundschule. Zu den Sekundarschulbesuchern zählen alle 12- bis 17jährigen.

Auffallend ist der starke Bruch zwischen der Grund- und Sekundarstufe. Außerdem besuchen in der Regel viel weniger Mädchen die Schule als Jungen.

Die Schüler-Lehrer-Relation differiert zwischen 69 in Zentralafrika, 24 in der Bundesrepublik Deutschland und 18 in der UdSSR. Der UNICEF, dem »Anwalt des Kindes« in der Welt, der UNESCO, dem »Anwalt der Bildung« in der Welt und nicht zuletzt der Internationalen Arbeitsorganisation der Vereinten Nationen türmen sich fast unüberwindlich erscheinende Probleme auf.

Der stellvertretende Direktor der UNESCO sagte 1979: »Wenn sich die Tendenzen der letzten Jahre bestätigen, wird die Zahl der Kinder zwischen 6 und 11 Jahren, die in den Ländern der Dritten Welt keine Schule besuchen, bis 1985 rund 134 Mill. erreichen, davon 35 Mill. in Afrika, 90 Mill. in Asien und 9 Mill. in Lateinamerika.«

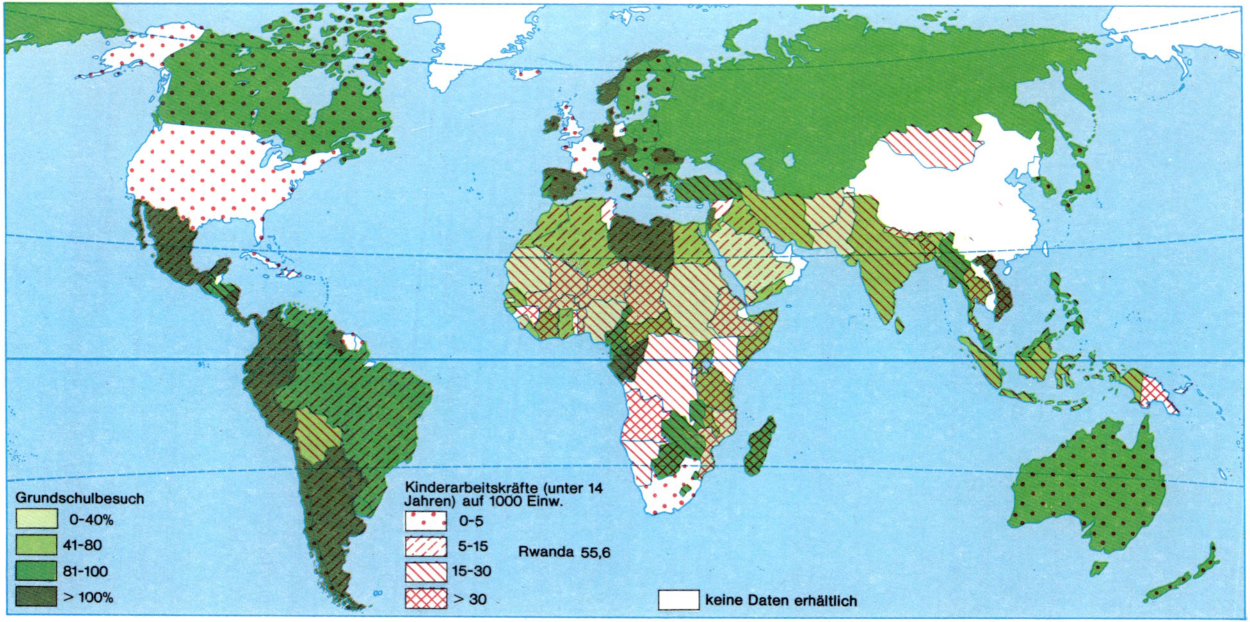

Kinderarbeit und Schulbesuch

Analphabeten

1960 schätzte man 3 Mrd. Menschen auf der Erde, davon ca. 2 Mrd. mit einem Alter von über 15 Jahren und davon 39 % Analphabeten, d. h. 735 Mill.

1970 war die Weltbevölkerung auf fast 3,5 Mrd. gestiegen, die Anzahl der über 15jährigen verzeichnete nicht einen vergleichbaren Anstieg, darunter gab es aber infolge der Alphabetisierungsbemühungen nur noch 34 % Analphabeten, die absolute Zahl der Analphabeten stieg allerdings infolge der starken Vermehrung der Bevölkerung etwas.

Heute muß man mit fast 1 Mrd. erwachsener Menschen als Analphabeten rechnen. Das sind Menschen über 15 Jahren, die weder lesen, noch schreiben, noch rechnen können.

Nur 50 % der Kinder können in den Entwicklungsländern eine Schule besuchen. Von diesen 50 % sind nur ein Drittel Mädchen. 70 % der Schüler besuchen nur vier Jahre lang eine Schule.

In Afrika gelangen 3 % der Kinder nach der Grundschule in eine weiterführende Schule. Noch nicht einmal 1 % studiert an einer Hochschule. 30 % der Lehrer haben selbst nur sechs Jahre eine Schule besucht.

Diese hohen Prozentsätze werden allerdings in fast allen Ländern durch starke Alphabetisierungsbemühungen reduziert, oft steigt aber die absolute Zahl der Analphabeten infolge der Bevölkerungsexplosion.

Außerdem liegt der Anteil der Sekundäranalphabeten, die nach einer 3- bis maximal 5jährigen Schulausbildung lesen und schreiben wieder verlernt haben, sehr hoch.

Verhängnisvoll korrespondieren mit dem Bildungsniveau die ärztliche Versorgung, die Ernährung, die Geburten- und Sterberate, der Energieverbrauch und noch andere wichtige Daten des Lebensstandards mit der Bildungsquote in den Entwicklungsländern. Dieser Teufelskreis der Unterentwicklung kann nur durch erhöhte Bildungsanstrengungen durchbrochen werden.

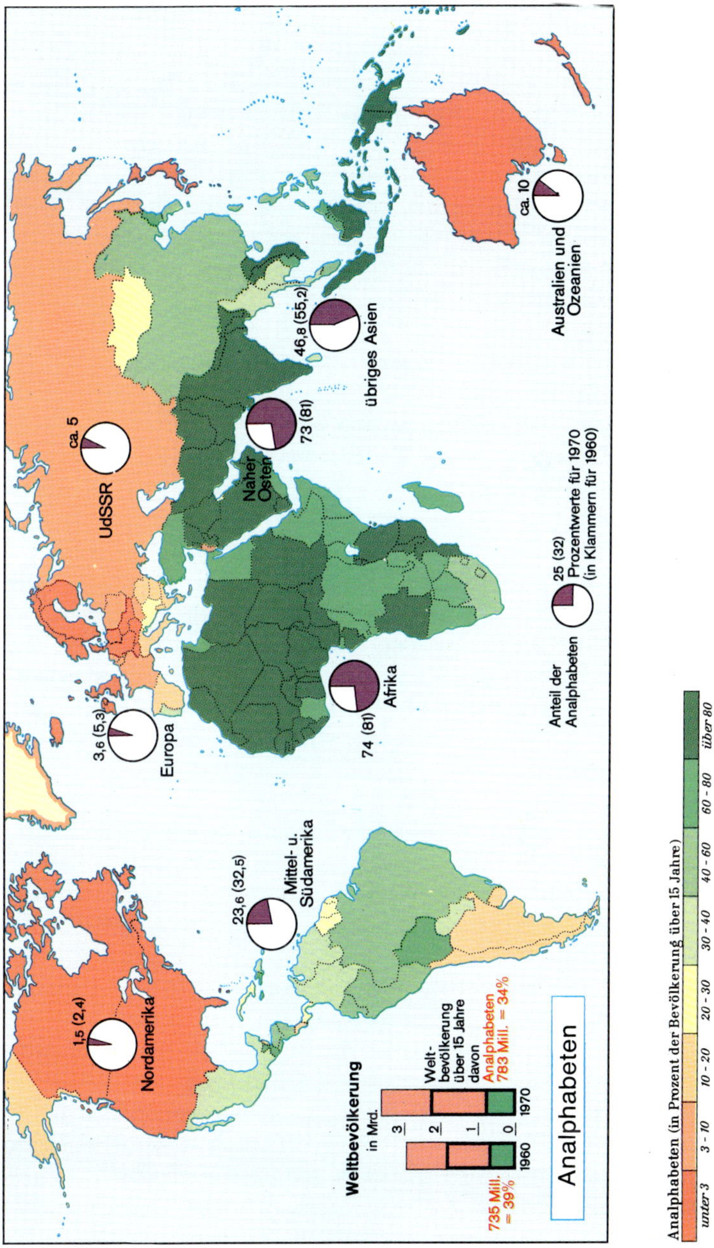
Analphabeten
Weltbevölkerung
in Mrd.
3
2
1
0
1960
1970
735 Mill. = 39%
Welt-
bevölkerung
über 15 Jahre
davon
Analphabeten
783 Mill. = 34%
Nordamerika
1,5 (2,4)
Mittel- u.
Südamerika
23,6 (32,5)
Europa
3,6 (5,3)
UdSSR
ca. 5
Naher
Osten
73 (81)
Afrika
74 (81)
übriges Asien
46,8 (55,2)
Australien und
Ozeanien
ca. 10
Anteil der
Analphabeten
25 (32)
Prozentwerte für 1970
(in Klammern für 1960)
Analphabeten (in Prozent der Bevölkerung über 15 Jahre)
unter 3
3 - 10
10 - 20
20 - 30
30 - 40
40 - 60
60 - 80
über 80

Agrarbevölkerung

Der Anteil der Agrar- an der Gesamtbevölkerung erlaubt keine Aussagen darüber, welche wirtschaftliche Bedeutung die Landwirtschaft eines Staates hat. In den USA sind nur etwa 3 % der Erwerbstätigen in der Landwirtschaft beschäftigt, aber diese erzeugen so viele Nahrungsmittel wie in keinem anderen Staat der Welt. Andererseits sind in Mali über 90 % zur Agrarbevölkerung zu rechnen, aber deren Erträge reichen in den meisten Jahren nicht aus, um sich selbst zu ernähren.

Die Agrarbevölkerung der Erde arbeitet und produziert unter sehr unterschiedlichen Bedingungen. Der Einfluß der Naturfaktoren bestimmt den Jahresrhythmus und erlaubt nur jeweils angepaßte Formen der Flächennutzung. Weite Gebiete der Erde eignen sich nicht für Ackerbau, in Gunsträumen dagegen sind sogar mehrere Ernten im Jahr möglich.

Aber auch die wirtschaftlichen Bedingungen der Erzeugung sind sehr verschieden. Der größte Teil der Agrarbevölkerung betreibt vorwiegend Selbstversorgung. Solchen einfachen Formen bäuerlicher Tätigkeit stehen Betriebe gegenüber, die für einen Markt, für Abnehmer arbeiten. Selbstversorgung und Marktproduktion sind Ziele, die mit verschiedenen Betriebstypen in unterschiedlichen Wirtschaftssystemen zu finden sind.

Schließlich ist auch die soziale Stellung der Agrarbevölkerung sehr ungleich. Zwischen der Sippenwirtschaft des Hackbauern in Zentralafrika, dem Familienbetrieb eines Kleinpächters in Vorderasien und dem mitteleuropäischen Hofbauern bestehen wenige Gemeinsamkeiten.

So ergibt sich eine vielschichtige Differenzierung der Agrarbevölkerung, auch in der regionalen Betrachtung. Charakteristisch für alle Industrieländer ist der geringe Anteil an Beschäftigten in der Landwirtschaft. Im Gegensatz zu den Entwicklungsländern ist hier die primäre Produktion schon stark von der Technisierung erfaßt. Auf relativ großen Betriebseinheiten wird bei starker Spezialisierung ein nahezu industriemäßiger Anbau betrieben. In den Entwicklungsländern hingegen ist die Landwirtschaft der wichtigste Wirtschaftsbereich und die menschliche Arbeitskraft ein bedeutender Produktionsfaktor.

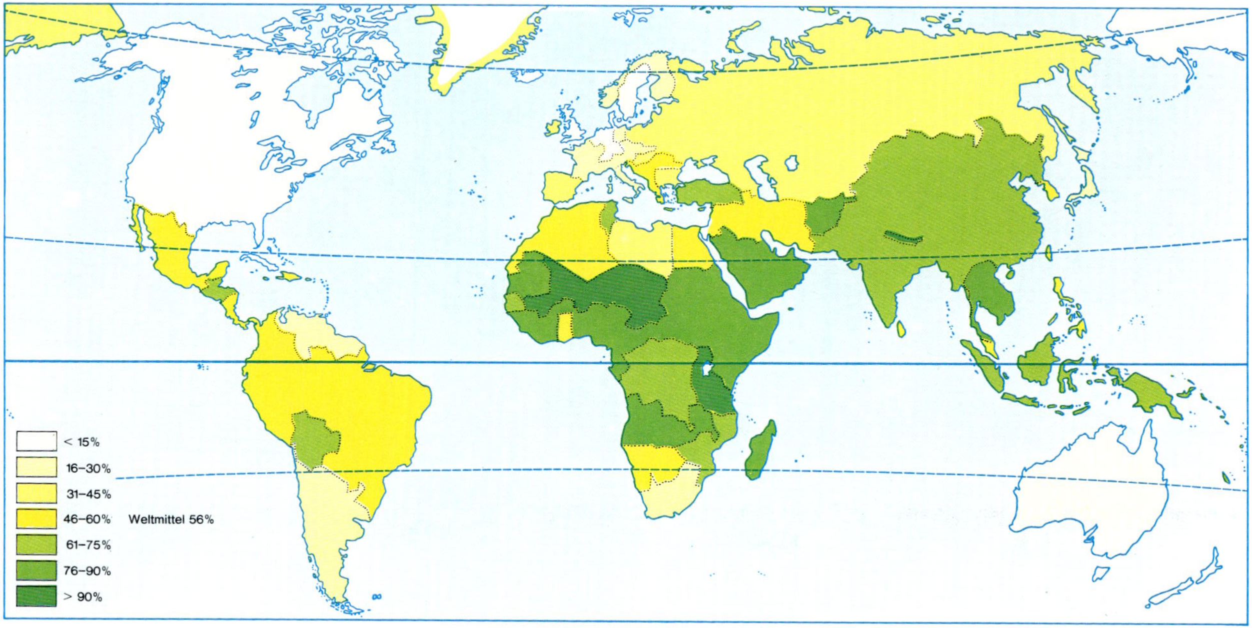

Anteil der Agrarbevölkerung 1965

Ernährungsbasis

Wie viele Menschen auf der Erde leben könnten, hängt im wesentlichen davon ab, wieviel an Nahrung und Gütern auf der begrenzten Erde erzeugt werden können. Seit 200 Jahren machen sich die Wissenschaftler hierüber Gedanken; seitdem werden Berechnungen der Tragfähigkeit der Erde durchgeführt. Die Angaben schwanken zwischen 6 und 250 Mrd. Menschen!

Bei der dieser Karte zugrundeliegenden Berechnung der möglichen Ernährungsbasis ging man von den in den verschiedenen Klimazonen angebauten Nutzpflanzen aus; die Zahl der möglichen Ernten wurde berücksichtigt. Man nahm an, daß der Mensch durchschnittlich 2500 cal/Tag benötigt. Die für Wohnungen, Verkehr und andere Bedürfnisse des Menschen benötigten Flächen wurden abgezogen, z. B. die Flächen für Textilpflanzen und Wälder. Man kam zu der Tragfähigkeitszahl von 13,295 Menschen/ha!

Für die inneren Tropen wurden Höchstwerte angenommen; heute aber weiß man, daß gerade in den feuchten Tropen der Pflanzenertrag und ihr Proteingehalt sehr niedrig liegen. Der Schädlingsbefall wird in den feuchtheißen Klimaten begünstigt. Die Böden der inneren Tropen besitzen nur geringe Fruchtbarkeit, ausgenommen die Vulkanböden. Die Nährstoffarmut der Böden zeigt sich darin, daß sie schnell erschöpft sind, wenn der Kreislauf zwischen Verfall und Aufbau organischer Substanz durch die Rodung gestört wird. Nach einmaliger Ernte geht der Ertrag bereits um die Hälfte zurück. Zudem können die riesigen Waldgebiete der Tropen nicht ohne negative Folgen gerodet werden.

11 % der Landoberfläche sind mit Eis bedeckt; halb- und vollaride Gebiete nehmen 15 % ein, die nur bedingt für die Gewinnung von Nahrungsmitteln heranzuziehenden Hochgebirge und Tundren bedekken 14 %. Neulandgewinnung zur Ausweitung der Nahrungsflächen kommt fast nur in den Trockengebieten in Betracht – und dort setzen die beschränkten Wasservorräte Grenzen.

Es ist nicht verwunderlich, daß sich die Verdichtungszentren der Menschheit in den Becken- und Flußlandschaften, also den großen Ebenheiten der mittleren Breiten befinden.

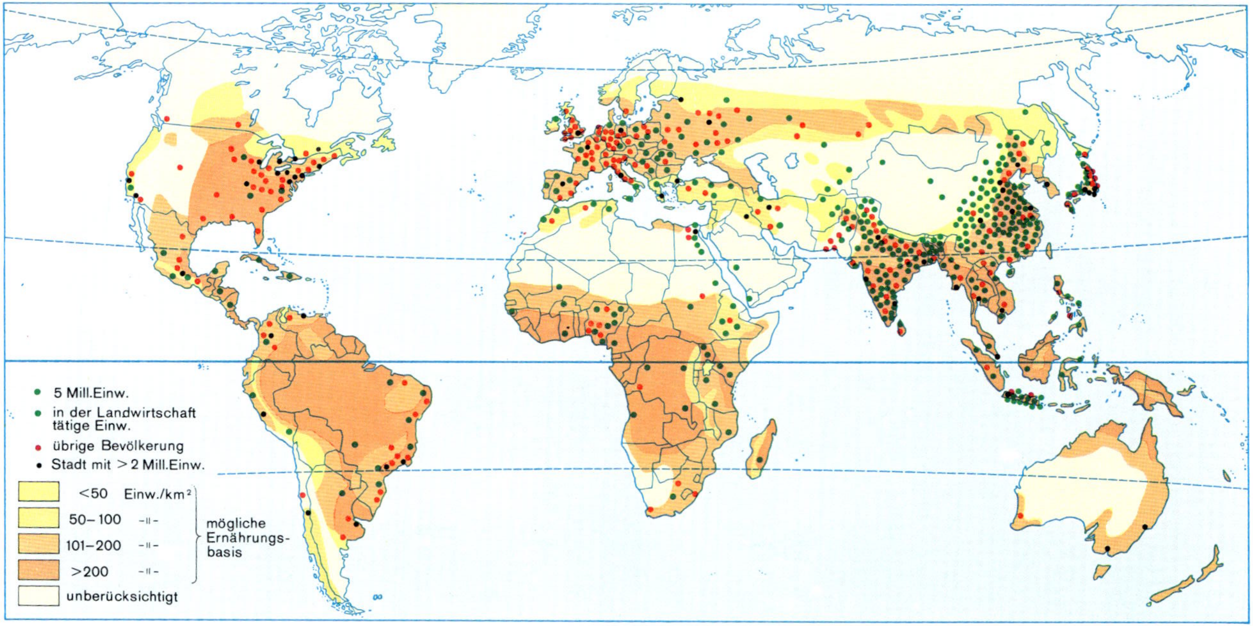

Bevölkerung und Ernährungsbasis

Hunger

Zwei Millionen Menschen sterben jedes Jahr an den direkten Folgen des Hungers. 10–15 Mill. Infektionstote sind eigentlich Hungertote, weil sie an den indirekten Folgen des Hungers zugrunde gehen: Ihr geschwächter Körper besitzt nur mehr eine verminderte Abwehrkraft, er übersteht Strapazen oder Krankheiten nicht. Über eine Milliarde Menschen ist leicht unterernährt oder leidet zeitweilig an Hunger. Von Hunger spricht man bei einer über einen Zeitraum von drei Monaten hinausreichenden Unterernährung, wenn der Körper also quantitativ und qualitativ zu wenig Nahrung erhält. Mangelernährt sind Menschen, in deren zu einseitiger Nahrung die notwendigen Mengen tierischen Eiweißes fehlen. Eiweißmangel in früher Kindheit führt zu dauerhaften Hirnschädigungen: zu verminderter Lernfähigkeit, mangelndem Erinnerungsvermögen, Sprachschwierigkeiten, verringerter manueller Geschicklichkeit. Der Körper stellt sich in Wachstum und Gewicht auf die Fehlernährung ein – es kommt zur »harmonischen Unterernährung«. Scheu vor schwerer Arbeit und Teilnahmslosigkeit sind ein unbewußtes Schutzverhalten, nicht etwa die Folgen des tropischen Klimas oder angeborene Verhaltensweisen.

Alle Formen unzureichender Ernährung finden sich im »Hungergürtel der Erde«, der von zwei »Gürteln« mit reichlicher bis ausreichender Nahrungsmittelversorgung gesäumt wird. Nahezu alle Entwicklungsländer gehören dem Welthungergürtel an; auch China wird in diesen Kreis von Staaten mit einbezogen, da es auch heute noch in manchen Jahren mit Ernährungsproblemen zu kämpfen hat. Trotz der erheblichen Steigerung der Nahrungsmittelerzeugung gerade in den Entwicklungsländern in den vergangenen Jahrzehnten kommt es immer häufiger zu Hungerkatastrophen.

Weitere Ursachen für die besorgniserregende Ernährungssituation sind veraltete Anbaumethoden, geringer Bildungsstand der Menschen, Kapitalarmut, Naturkatastrophen wie ausbleibende Niederschläge oder Überschwemmungen.

Manche fruchtbaren Gebiete in den tropischen Entwicklungsländern dienen durch den Anbau von Nahrungs- und Genußmitteln den Industriestaaten, deren Bewohner an den Folgen der Überernährung (Übergewicht, Erkrankungen) leiden.

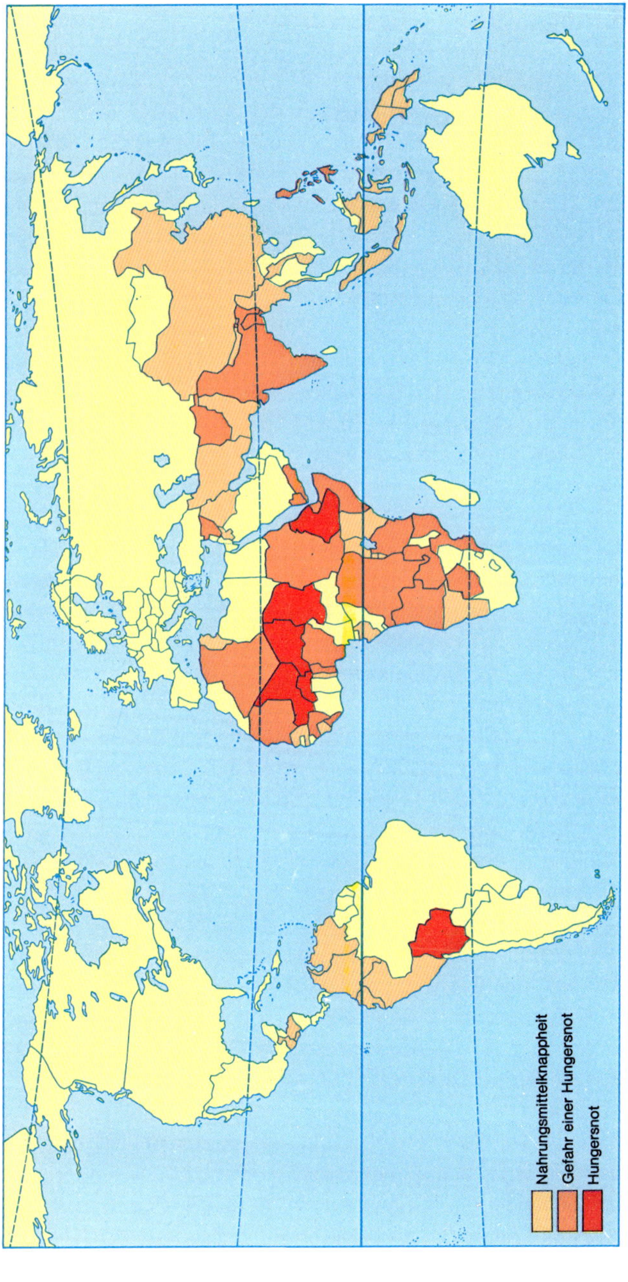

Hungergebiete

Entwicklungshilfe

Die Leistungen der Industrieländer an die Entwicklungsländer werden vom Entwicklungshilfeausschuß (DAC) der Organisation für wirtschaftliche Zusammenarbeit und Entwicklung (OECD) registriert. Die in der OECD zusammengeschlossenen westlichen Industrieländer unterziehen sich jährlich dem sogenannten »DAC-Examen«. Die Statistiken über Leistungen der östlichen Industrieländer („Zweite Welt") und der OPEC-Mitglieder beruhen dagegen auf unkontrollierten Angaben der Länder selbst bzw. auf Schätzungen internationaler Institutionen.

Die Entwicklungshilfe der Bundesrepublik Deutschland stieg von 1960 mit 2,64 Mrd. DM auf 13,4 Mrd. DM 1977. Der Export in die Entwicklungsländer erweiterte sich aber in der gleichen Zeit von 9 Mrd. auf 62,7 Mrd. DM.

Die Exportgüter der Industrienationen werden aber mit Ausnahme einiger Rohstoffe wie Öl und Kupfer im Vergleich zu den Exportgütern der Industrieländer ständig teurer. Tansania mußte z. B. für eine Schweizer Uhr 1961 7,5 kg Kaffee exportieren, 1971 mußte es aber für die gleiche Uhr 14,2 kg Kaffee aufwenden.

Die Kleinbauern selbst erhalten nur einen sehr bescheidenen Anteil für ihre Erzeugnisse, z. B. nur 6 % des Endverkaufspreises bei Bananen aus Zentralamerika, nur 9–12 % bei Tee aus Ceylon, nur 13 % bei Kakao aus Ghana, nur 4 % bei Kaffee-Extrakt aus Brasilien. Die Gewinne bleiben oft bei den reicheren Schichten in den Entwicklungsländern hängen.

Laut FAO verfügen die westlichen und sozialistischen Industrieländer über 30,5 % der Erdbevölkerung, aber über 91 % des Exports, 82 % der Produktion, 85 % der Rüstung, 98 % der Forschungs- und Entwicklungsmittel, 87 % der Energie, 78 % des Düngemittelverbrauchs und 94 % des Kupferverbrauchs.

Angesichts dieses Nord-Süd-Konflikts ist es erstaunlich, daß das Problembewußtsein in den Geberländern noch nicht ausgeprägter ist und immer noch nicht die festgesetzten 0,7 % des BSP an öffentlicher Entwicklungshilfe politisch zu verwirklichen sind.

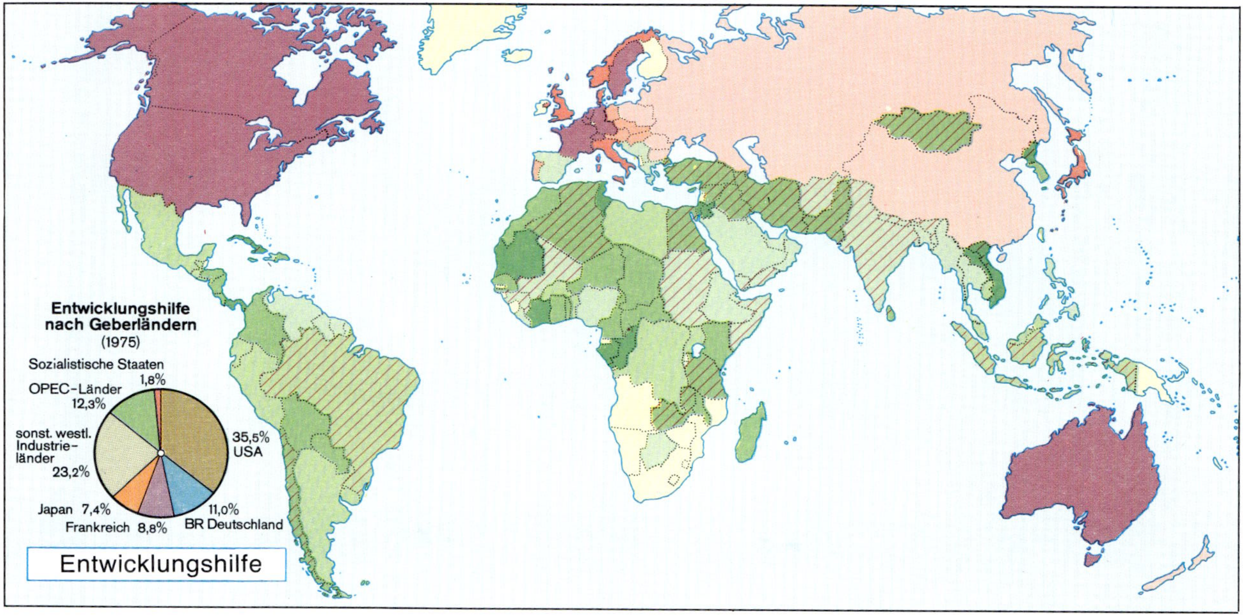

Entwicklungshilfe
pro Jahr und Kopf der Bevölkerung
(im Mittel der Jahre 1970-1975)

Geberländer: *unter 10* | *10 - 50* | *50 - 100* | *über 100 DM*

Nehmerländer: *unter 10* | *10 - 20* | *20 - 50* | *über 50 DM*

Länder, die Entwicklungshilfe von RGW-Staaten und von der VR China erhalten

Leistungen der Bundesrepublik Deutschland

Die Bundesrepublik Deutschland hat 1977 13,4 Mrd. DM bzw. 1,12 % des Bruttosozialprodukts und 1978 15,3 Mrd. DM bzw. 1,19 % des BSP an öffentlichen und privaten Entwicklungshilfeleistungen erbracht. Die Nettoauszahlungen der öffentlichen Hilfe betrugen 1976 3,5 Mrd. DM, 1977 3,2 Mrd. DM und 1978 4,8 Mrd. DM. Dies entspricht einem Anteil am BSP von 0,31 %, 0,27 % und 0,38 %.

Die deutsche Entwicklungspolitik ist gleichzeitig ein wichtiges Instrument der Außenpolitik. Aus diesem Grunde ist sie auch weltweit gestreut. 1978 waren in 126 Entwicklungsländern deutsche Projekte in Planung oder in Arbeit. Im gleichen Jahr hat die Bundesregierung 54 Ländern neue Finanzierungshilfen und 75 Ländern technische Hilfen zugesagt. Die deutsche Entwicklungspolitik kann mittlerweile auf über 14 000 in Angriff genommene Projekte hinweisen. Davon waren 1978 rund 8000 abgeschlossen.

Die entwicklungspolitische Zusammenarbeit erstreckt sich auf rund 90 Länder. Die breite Streuung erklärt sich einerseits aus dem Fehlen ausgeprägter historisch oder politisch verursachter Vorranggebiete, andererseits aus der wirtschaftlichen, d. h. export- und importabhängigen Verflochtenheit mit vielen Staaten der Welt.

Die Verteilungskriterien der Entwicklungsmittel geben die wirtschaftliche und soziale Lage der Länder – gemessen am BSP pro Kopf und vieler anderer sozialer und wirtschaftlicher Indikatoren –, die außenwirtschaftliche Leistungskraft – gemessen an der Import-/Exportrate, Schuldendienstrate und an den Währungsreserven –, die Eigenleistungen, die Aufnahmefähigkeit für fremdes Kapital und die Bevölkerungszahl. Portugal, die Türkei und Konfliktrandstaaten im südlichen Afrika sowie Nahoststaaten erhalten aus politischen Gründen gemessen an diesen Kriterien überproportionale Hilfeanteile. Die Bundesregierung möchte in diesen Ländern einen besonderen Beitrag zur Lösung von Konflikten bzw. zur Stabilisierung von Demokratisierungsprozessen leisten. Trotz der insgesamt weltweiten Streuung und Verflechtung der deutschen Entwicklungspolitik blieben 1978 50 % der Finanzierungszusagen der Bundesregierung auf sieben und die technische Zusammenarbeit auf 15 Entwicklungsländer beschränkt.

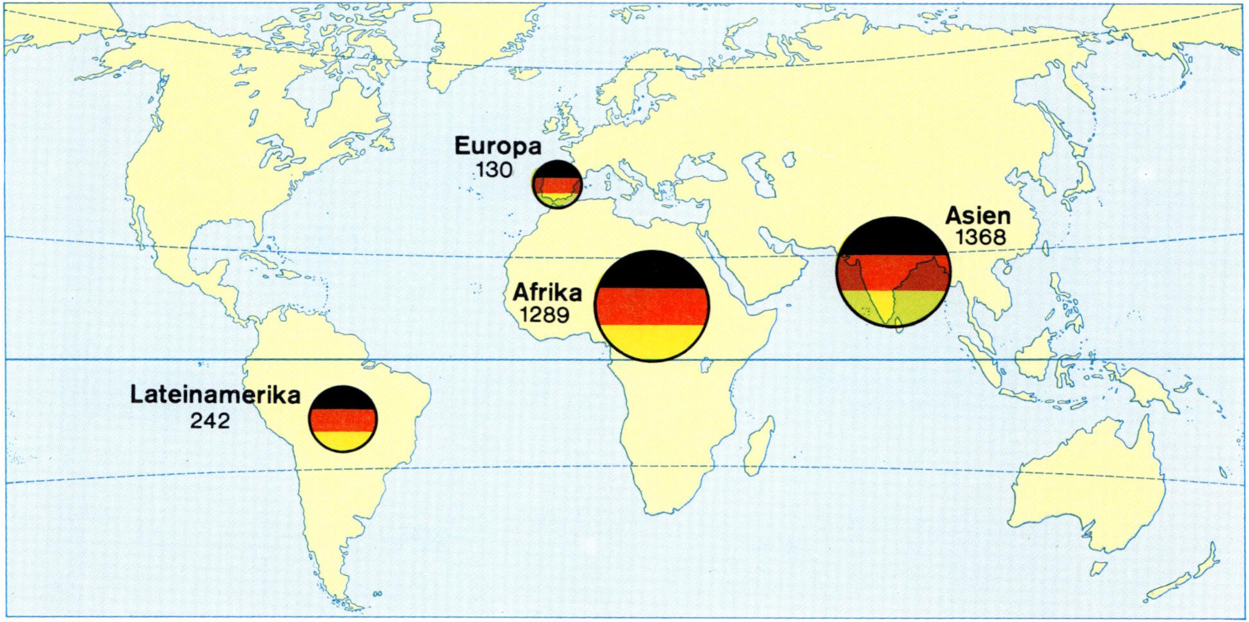

Entwicklungshilfe der Bundesrepublik Deutschland 1978

Bruttosozialprodukt und Bevölkerung

Die Karte zeigt einen hohen Anteil der Industrieländer am Weltsozialprodukt bzw. den geringen der Entwicklungsländer und den hohen Anteil der Entwicklungsländer an der Weltbevölkerung bzw. den niedrigen der Industrieländer. Die Halbkreise veranschaulichen die Armut und den Reichtum im Nord-Süd-Gefälle der Welt. Das Pro-Kopf-Einkommen der Entwicklungsländer (ohne ölexportierende Länder mit Kapitalbilanzüberschuß) verhielt sich zu dem der Industrieländer 1970 wie 1 : 12,9 und 1978 wie 1 : 12,3. Damit ist also in den letzten Jahren kaum eine Verbesserung ablesbar.

Die Entwicklungsländer haben 1970–1978 ein reales Wachstum des Bruttosozialprodukts von knapp 6 % jährlich erreicht. Das Pro-Kopf-Einkommen stieg jedoch infolge des hohen Bevölkerungswachstums nur um 3,4 % jährlich. Damit hat sich der relative Abstand des Pro-Kopf-Einkommems von Entwicklungsländern und Industrieländern nicht wesentlich verändert.

Die hohen durchschnittlichen Wachstumsraten des BSP verdecken jedoch eine fortschreitende Differenzierung in der Dritten Welt in einen zunehmend ärmeren und in einen weiter fortgeschrittenen Teil. Das Wachstum konzentriert sich auf die Entwicklungsländer mit mittlerem und höherem Einkommen, während die armen Entwicklungsländer die niedrigsten Wachstumsraten aufweisen. In dieser Ländergruppe nahm das Pro-Kopf-Einkommen sogar langsamer zu als in den Industrieländern. Aber auch in den anderen Entwicklungsländern, deren Wachstumsraten und Pro-Kopf-Einkommen zunächst ein günstigeres Bild vermitteln, bleiben die Probleme der Massenarmut wegen der oft ungleichen Einkommensverteilung weiterhin erheblich.

Die Weltbank faßt 1978 in ihrem Bericht die Situation wie folgt zusammen: »Das Wirtschaftswachstum der Entwicklungsländer hat die ursprünglichen Erwartungen übertroffen, und ihr Potential für die weitere Entwicklung ist – insbesondere was die wirtschaftlichen Kapazitäten, die vorhandenen Führungskräfte und die Ausstattung mit Kapitalgütern betrifft – beachtlich gestiegen. Trotz dieser Erfolge leben jedoch noch immer 800 Mill. Menschen in absoluter Armut – mit Einkommen, die zu niedrig sind, um eine angemessene Ernährung zuzulassen – und ohne Zugang zu unentbehrlichen, öffentlichen Dienstleistungen.«

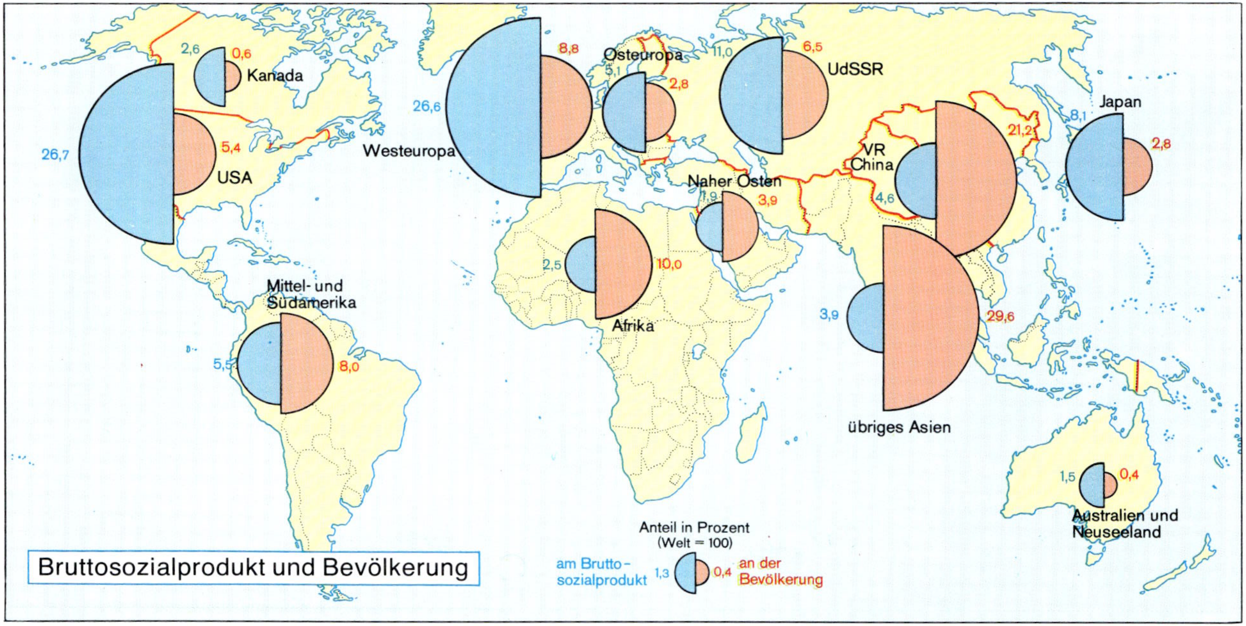

Maßstab der Karte 1 : 180 000 000

Weltbruttosozialprodukt ca. 13,7 Bill. DM (1974)
Weltbevölkerung ca. 3,9 Mrd. Menschen

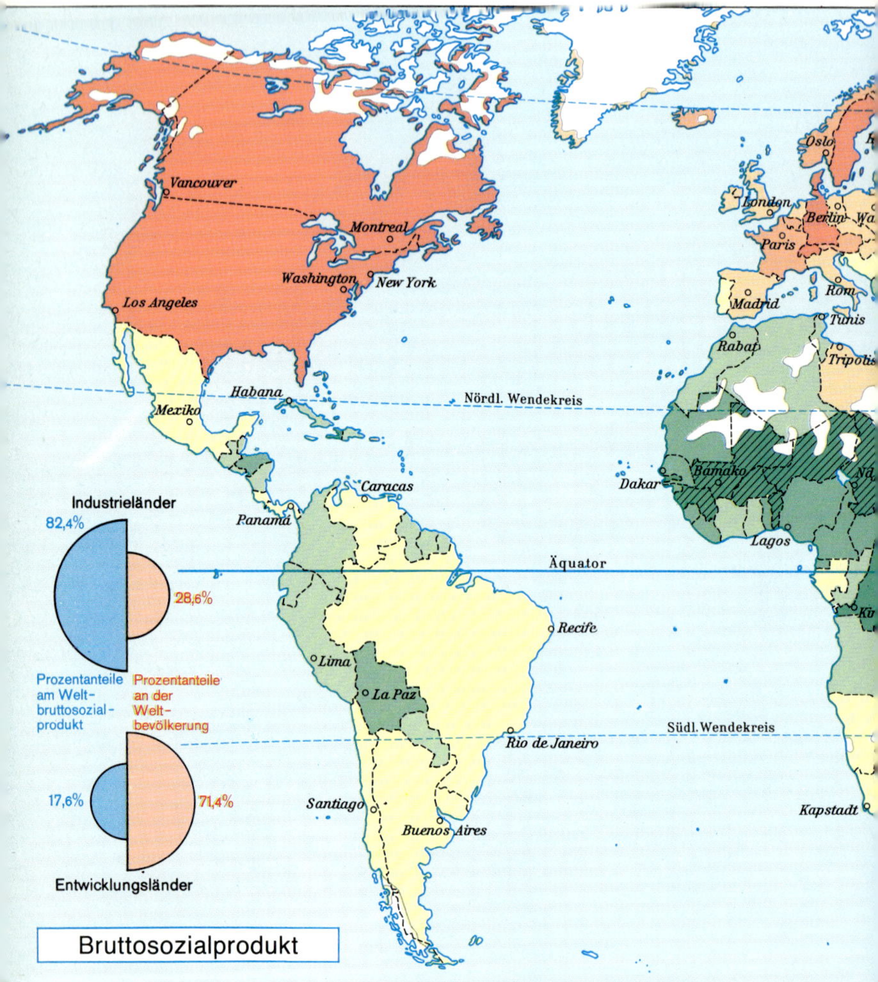

Bruttosozialprodukt

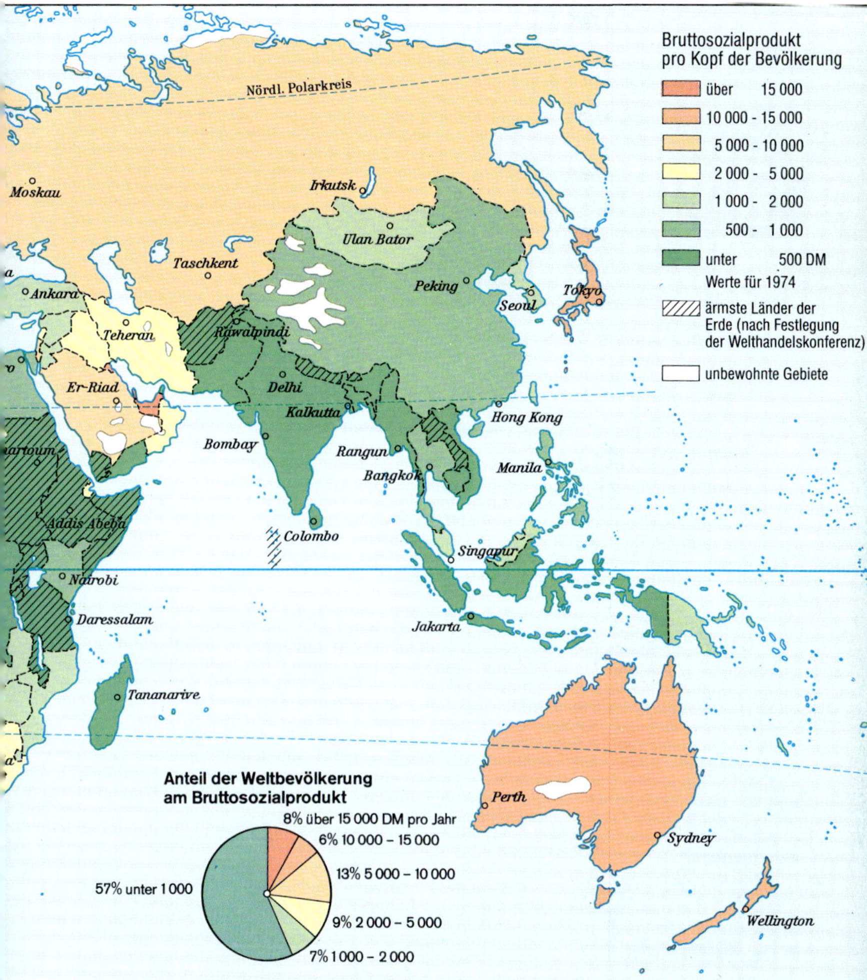

Text auf S. 158

Bruttosozialprodukt

Karte auf S. 156/157

In der Legende findet sich eine Einteilung der Erde in acht Ländergruppen. Die Karte könnte deshalb auch den Titel »8 Welten« tragen. Üblich ist es aber, von »Drei Welten« zu sprechen: der 1., d. h. westlichen und industrialisierten Welt, der 2., d. h. östlichen, sozialistischen und industrialisierten und der 3., d. h. nicht-industrialisierten Welt. Neuerdings spricht man auch von der 4. Welt und meint dabei die Ärmsten der Armen. Die Einteilung erfolgt vorwiegend auf der Grundlage wirtschaftlicher Kriterien, d. h. des Bruttosozialprodukts (gesamte Wertschöpfung in einem Jahr) pro Kopf.

Dieses Maß kann nicht zeigen, was menschliches Leben wirklich ausmacht, was nicht in die volkswirtschaftliche Gesamtrechnung eingeht, z. B. der Wert eines Naturschutzgebietes oder die Lage eines Wohngebietes. Außerdem können höchste ökonomische Werte wie z. B. Kernkraftwerke oder Raffinerien das Leben sehr stark beeinträchtigen, zumindest wenn man in deren Nähe wohnt. Aus diesem Grund sucht man heute andere Merkmale als Bruttosozialprodukt pro Kopf.

Bratzel und Müller (Geogr. Rundschau 1979, 4) gewichteten z. B. auf einer Skala 52 Merkmale und gelangten dann zu einer Einteilung der Welt in Länder auf 5 Entwicklungsstufen:

	BSP/ Kopf in $	Lebens-erwar-tung	Kalorien-verbrauch	Protein-verbrauch	Zeitun-gen kg/Kopf	Einw./ Arzt	Schüler/ Lehrer
1. Welt							
D	6610	74	3432	83	289	516	23
USA	7060	75	3504	104	287	622	20
UdSSR	2620	74	3540	108	397	653	15
2. Welt							
Italien	2940	74	3499	97	113	502	20
3. Welt							
Türkei	860	53	2849	75	50	1 834	34
4. Welt							
Saudi Arabien	2425	46	2476	63	11	4 995	21
5. Welt							
Äthiopien	100	39	1914	58	3	73 314	58

Ernährung / Bevölkerungswachstum *Karte auf S. 160/161*

Nach Schätzungen der FAO sind fast 500 Mill. Menschen absolut unterernährt. Als minimale Nahrung zum Überleben werden 2000 Kalorien pro Einwohner und Tag angenommen. Erhält der Mensch weniger Kalorien, so tritt Unterernährung ein. Dauert dieser Zustand länger, so kann der Hungertod eintreten. Der menschliche Körper benötigt ein ausgeglichenes Verhältnis von Eiweiß, Fett und Zucker. Besonders wichtig sind die Eiweißstoffe (Proteine). Fehlen diese, so kommt es auch bei mengenmäßig ausreichender Ernährung zu Mangelerscheinungen.

Tierische Kalorien entstehen auf der Basis pflanzlicher Kalorien und bedeuten ernährungswirtschaftlich eine Verschwendung, denn eine Kalorie im Getreide ergibt z. B. bei direkter Nahrung eine Kalorie im Brot, sieben pflanzliche Kalorien erbringen aber bei indirekter Nahrung nur eine tierische Kalorie.

Nach FAO-Berichten gibt es etwa 3,2 Mrd. ha landwirtschaftlich nutzbare Flächen auf der Erde, und die ertragreichere Hälfte davon wird bereits genutzt. Für die Hinzuziehung der anderen Hälfte sind hohe Geldsummen für Rodung, Bewässerung, Düngung usw. erforderlich, so daß es oftmals wirtschaftlicher ist, diese brach liegen zu lassen.

Bei alledem wird die Verdoppelungszeit der Weltbevölkerung immer kürzer, sie liegt zur Zeit bei 30 Jahren. Man müßte also in 30 Jahren die doppelte Nahrungsmittelerzeugung erzielen können, um den heutigen Stand zu erhalten. Eine Umorientierung sowohl in der Bevölkerungspolitik wie auch in der Nahrungsmittelproduktion im Weltmaßstab ist längst fällig. Es muß auch an die Anpflanzung anderer Produkte gedacht werden. Bei gleichem Boden und Düngeeinsatz bringen z. B. 0,1 ha bei Viehwirtschaft für 19 Tage Nahrung für einen Menschen, bei Getreideanbau für 217 Tage und bei Sojabohnenanbau 549 Tage Nahrung. 1 kg Soja liefert ebenso viele Proteine wie 3 kg Rindfleisch. Soja wird aber oft als Viehfutter verbraucht.

Bei Großgrundbesitzen liegen die Hektarerträge in der Regel niedriger als bei kleinbäuerlichem Besitz. Auch das Privatland (0,3 bis 0,5 ha) der Kolchosbauern in der Sowjetunion bringt höhere Erträge als das Kolchosland.

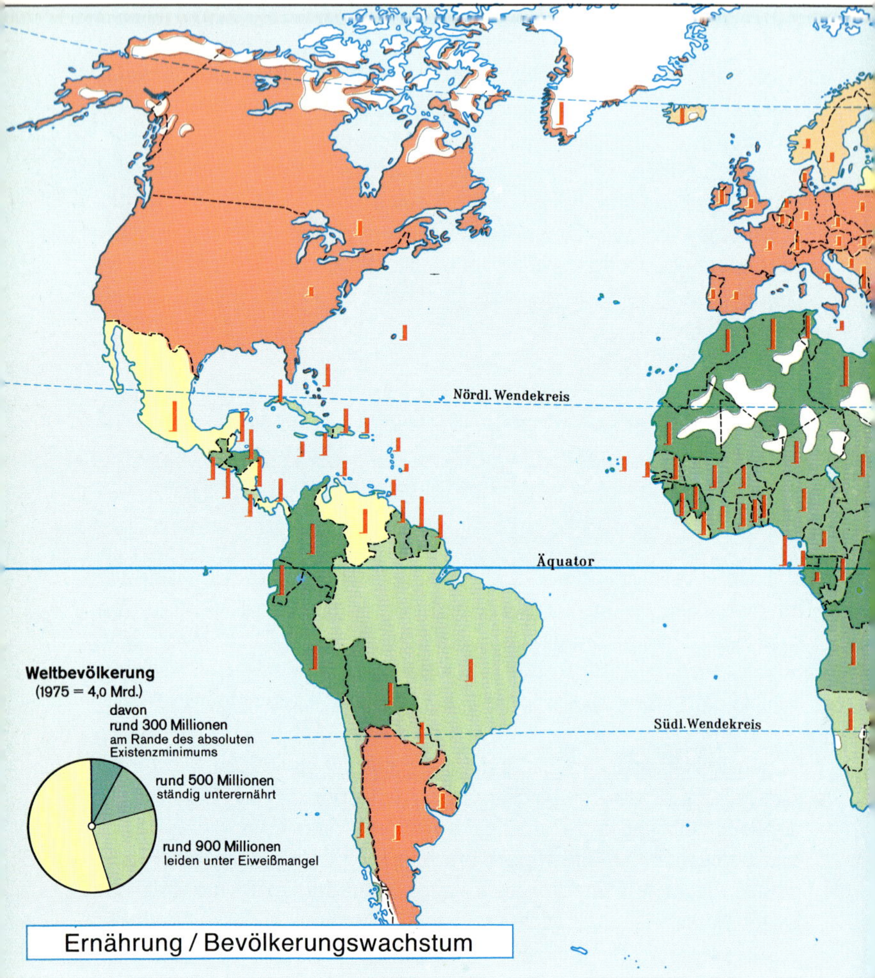

Text auf S. 159

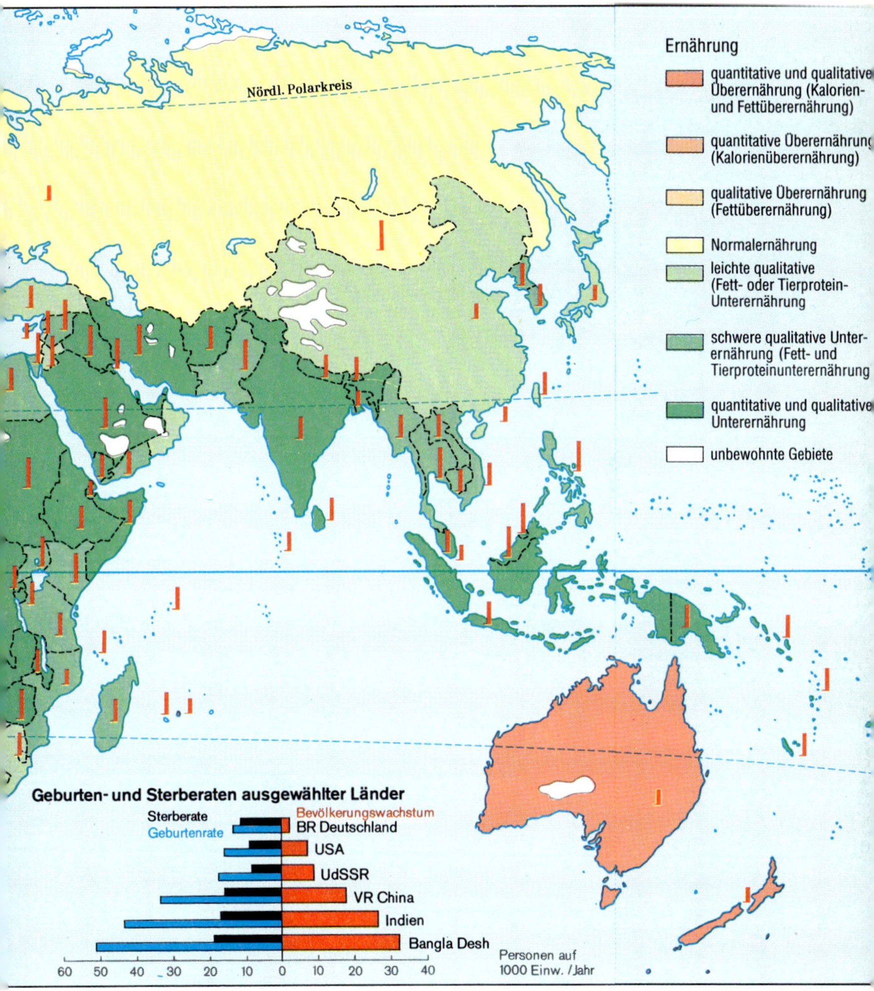

Jährliches Bevölkerungswachstum
(im Durchschnitt der Jahre 1970-1975)

3 - 4 | 2 - 3 | 1 - 2 | 0 - 1%

Staaten der Erde

Nr.	Staat	km²	Mill. E.	E./km²
	A. Transkontinentale Staaten			
111	UdSSR	22 402 200	256,70	12
63	Kanada	9 976 140	23,18	2
131	USA	9 363 120	215,12	23
	Insgesamt	49 428 310	564,00	11
	B. Subkontinentale Staaten			
22	VR China	9 560 980	850,00	88
18	Brasilien	8 511 970	110,12	13
47	Indische Union	3 287 590	610,00	185
	Insgesamt	21 360 540	1570,12	74
	C. Makrotope Staaten			
7	Argentinien	2 776 890	25,72	9
115	Sudan	2 505 820	18,10	7
4	Algerien	2 381 740	17,30	8
	Insgesamt	36 412 610	588,21	16
	D. Mesotope Staaten			
93	Pakistan	803 940	72,26	90
82	Moçambique	783 030	9,40	12
126	Türkei	780 580	40,16	51
	Insgesamt	19 937 510	959,22	48
108	Senegal	196 190	4,20	21
57	Jemen	195 000	6,86	35
129	Uruguay	177 510	3,10	18
	Insgesamt	4 175 862	334,86	80
	E. Mikrotope Staaten			
86	Niederlande	40 840	13,77	344
13	Belgien	30 510	9,83	330
70	Lesotho	30 360	1,06	34
	Insgesamt	444 577	75,20	169
	F. Minitope Staaten			
	Tonga	700	0,10	143
	Bahrain	620	0,27	430
	Singapur	580	2,28	3900
	Insgesamt	3 646,94	3,982	1091

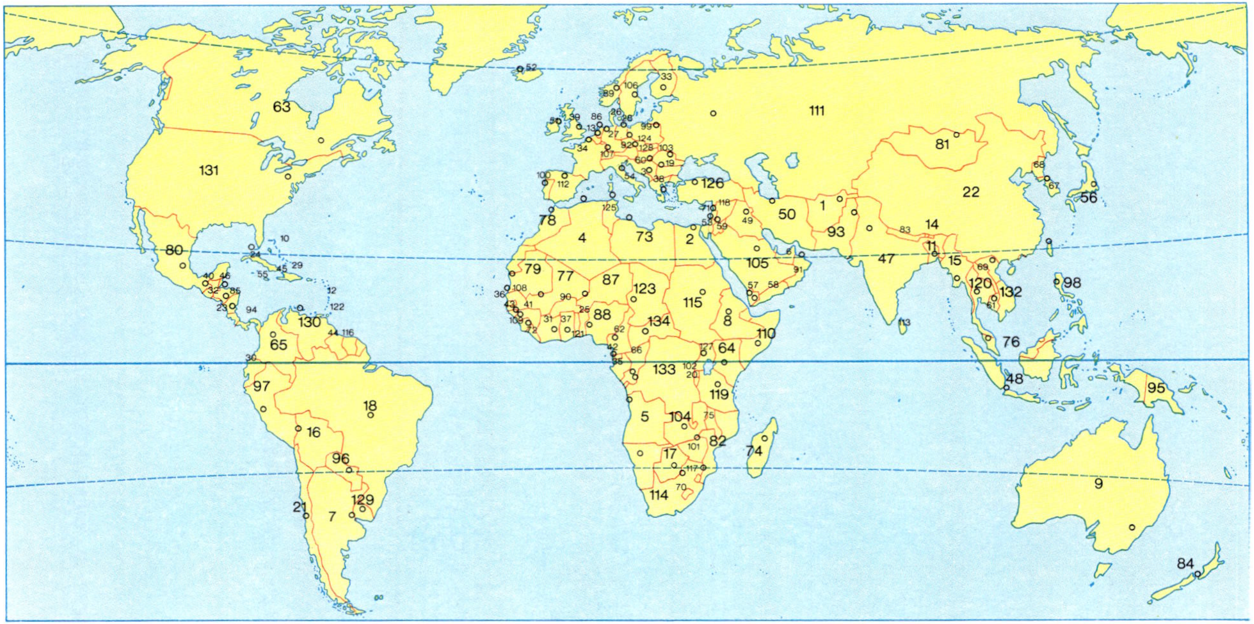

Staaten und ihre Hauptstädte

Merkmale von Staaten

Die Staaten der Erde lassen eine der eindrucksvollsten Gliederungen des Festlandes erkennen. Durch seine Lage werden die Beschaffenheit und der Wert eines Staatsgebietes wesentlich bestimmt. Für die Beurteilung der Lage sind eine Reihe von Gesichtspunkten maßgebend, wie die Lage zu den Breitenkreisen und zum Meer, die Lage in den Kontinenten, in den Kulturerdteilen und zu den Nachbarstaaten.

Die flächengrößten Staaten der Erde sind einerseits die transkontinentalen Staaten Sowjetunion, Kanada, USA und Australien und andererseits die subkontinentalen Staaten VR China, Brasilien und Indien. Diese sieben Staaten umfassen etwa die Hälfte der Festlandfläche, alle weiteren 160 Staaten die andere Hälfte.

Die Sowjetunion umfaßt als der größte Staatsraum der Erde allein ein Sechstel der Landfläche. 78 % aller Staaten der Erde finden flächenmäßig in der UdSSR Platz. Dieser Staat hat wegen seiner bemerkenswerten Nord-Süd-Ausdehnung an den meisten Vegetationszonen Anteil. Demgegenüber stehen die USA nach der Fläche an vierter Stelle, und sie nehmen etwa $^1/_{16}$ der Landfläche ein. Die USA liegen klimatisch in der gemäßigten Zone, nur der Süden steht unter tropischem Einfluß.

Ordnet man die Staaten nach ihrer Bevölkerungszahl, so stehen die USA nach der VR China, Indien und der UdSSR an vierter Stelle. Ihr Anteil an der Weltbevölkerung beträgt 5,5 %, während die UdSSR 6,5 % stellen.

In der Tat lassen weder die Flächengröße noch die Einwohnerzahl es zu, das politische Machtpotential dieser Staaten zu veranschlagen oder daraus eine Rangfolge herzuleiten. Allerdings stellt das Raumpotential eines Staates eine wichtige Voraussetzung für seine Bedeutung dar.

Binnenstaaten sind gegenüber Staaten in maritimer und zentraler Lage wie die Staaten Westeuropas benachteiligt. Stellt man z. B. die erheblichen raumbezogenen Ungunstfaktoren der Sowjetunion in Rechnung (z. B. Kälte im Norden, Trockenheit im Süden, Randlage, Entfernungen, Vielvölkergemisch), so führt eine Bewertung der 22 Mill. km^2 Staatsfläche zu einem anderen Ergebnis.

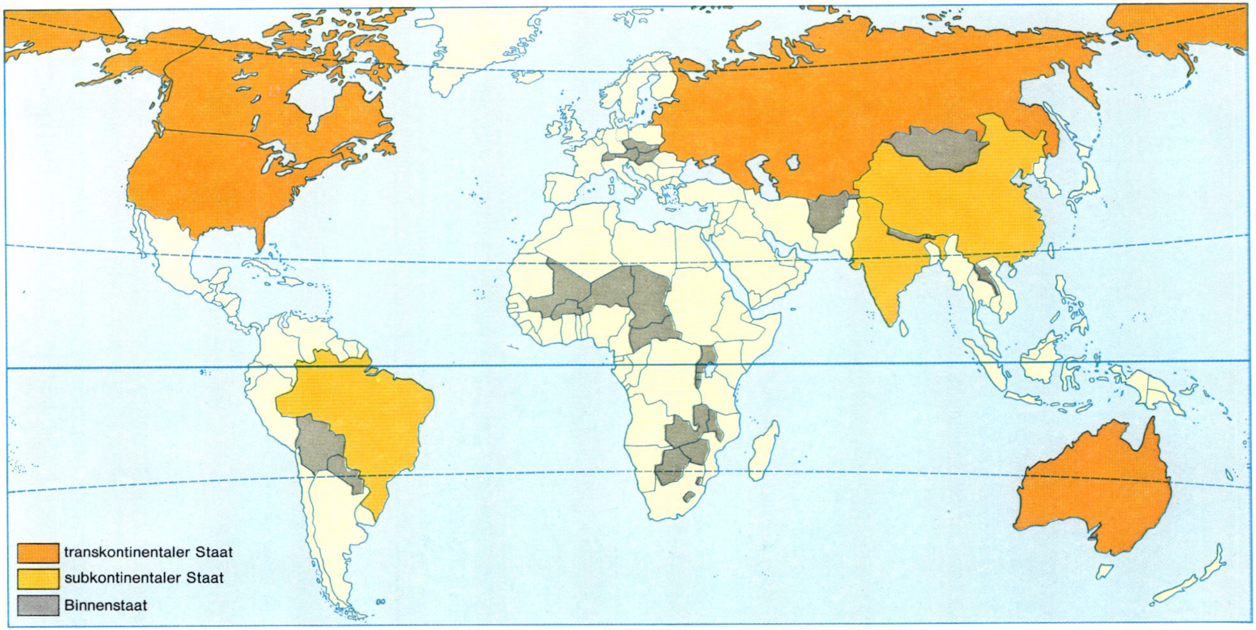

Hauptmerkmale von Staaten

Militärische Bündnisse

Die Unterschiede zwischen den Ländern der Erde führen auch zu Bündnissen verwandter Systeme.

1. Die NATO – North Atlantic Treaty Organization

1948 schlossen sich Großbritannien, Frankreich, Belgien, Luxemburg und die Niederlande zu einem Sicherheitspakt zusammen. Nach der Berlin-Blockade wurde dieses Bündnis im Nordatlantik-Vertrag, der von zwölf Nationen 1949 in Washington unterzeichnet wurde, erweitert. Später folgten noch Griechenland, die Türkei und die Bundesrepublik Deutschland. Die Verteidigung der demokratischen Freiheiten im Falle eines kriegerischen Angriffs im nordatlantischen, mittelmeerischen, westeuropäischen und nordamerikanischen Raum ist das Ziel.

2. Der Warschauer Pakt

Die osteuropäischen Staaten unterzeichneten 1955 den Warschauer Pakt unter der Führung der Sowjetunion. Das Ziel des Vertrages ist die Freundschaft, die Zusammenarbeit und der gegenseitige Beistand bei einem bewaffneten Angriff. Mit der Unterzeichnung des Warschauer Paktes erhielt die Sowjetunion das Recht, Truppen in den osteuropäischen Staaten zu stationieren.

3. CENTO (1955) – Central Treaty Organization

Der Ursprung war ein Sicherheitspakt zwischen der Türkei und dem Iran, der später durch den Beitritt Großbritanniens und Pakistans erweitert wurde. Die Ziele des Vertrages waren die Verkehrs- und Nachrichtenerschließung und die politische Stabilisierung des Nahen Ostens. Die CENTO konnte der Krisen im Nahen Osten nicht Herr werden und schrumpfte zur praktischen Bedeutungslosigkeit.

4. OAS – Organization of American States

Konflikte zwischen den OAS-Mitgliedern sollen auf friedlichem, d. h. auf dem Verhandlungswege gelöst werden. Ihr Generalsekretariat mit dem Sitz in Washington hat die Aufgabe, die kulturellen, wirtschaftlichen und politischen Beziehungen der Mitglieder zu fördern.

5. SEATO – South-East Asia Collective Defence Treaty Organization (1975 aufgelöst)

Ihr Ziel war die militärische Verteidigung und Bekämpfung einer kommunistischen Infiltration.

6. ANZUS-Pakt – Australia, New Zealand, USA / Pazifik-Pakt

Der Pazifik-Pakt wurde 1951 in San Francisco geschlossen. Er dient der wirtschaftlichen, kulturellen und militärischen Zusammenarbeit im pazifischen Raum.

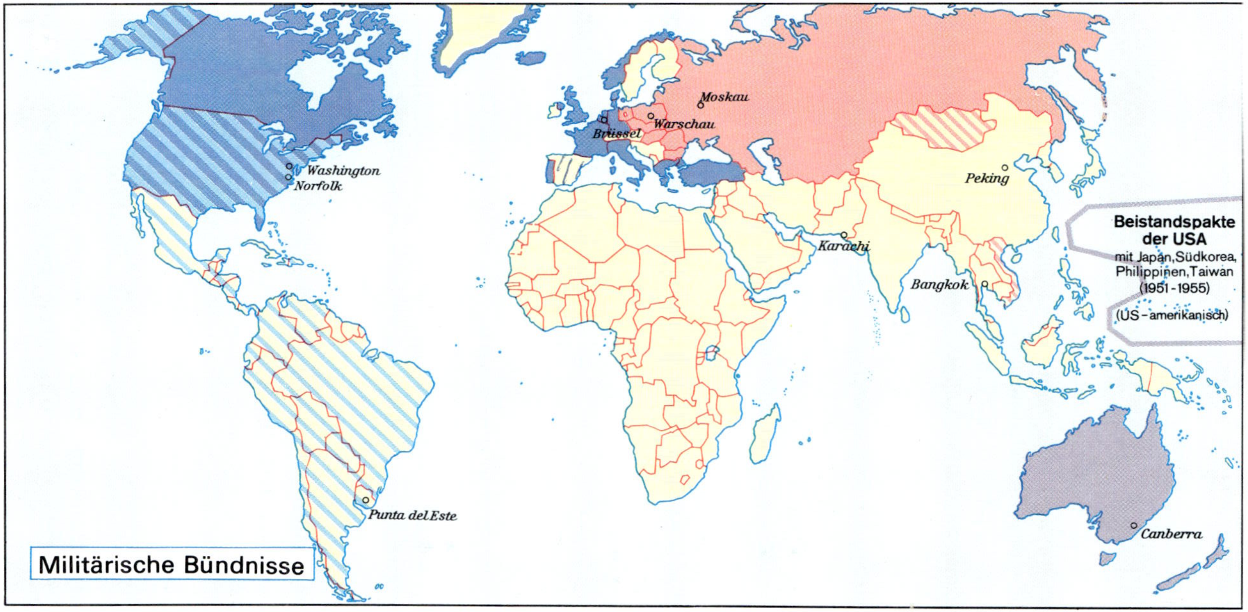

NATO (1949)
(North Atlantic Treaty Organization / Organisation des Nordatlantik-Vertrages)

Warschauer Pakt (1955)
durch Beobachter vertreten

OAS (1889/1947)
(Organization of American States / Organisation der Amerikanischen Staaten)

ANZUS-Pakt (1951)
(Australia, New Zealand, USA / Pazifik-Pakt)

III 30.5.1982: Beitritt Spaniens

Vereinte Nationen

»Alle Menschen sind frei und gleich an Würde und Rechten geboren. Sie sind mit Vernunft und Gewissen begabt und sollen einander im Geiste der Brüderlichkeit begegnen. Jeder Mensch hat Anspruch auf die in dieser Erklärung verkündeten Rechte und Freiheiten ohne irgend eine Unterscheidung, wie etwa nach Rasse, Farbe, Geschlecht, Sprache, Religion, politischer oder sonstiger Überzeugung, nationaler oder sozialer Herkunft, nach Eigentum, Geburt oder sonstigen Umständen. Jeder Mensch hat das Recht auf Leben, Freiheit und Sicherheit der Person . . .«

Die Achtung der Menschenrechte gehört laut Satzung zu den fundamentalen Aufgaben der Vereinten Nationen. Die UNO ist einerseits zum Symbol der Einheit der Menschheit, der einen Welt geworden, andererseits aber auch zum Symbol ihrer Spaltung in den politischen Ost-West-Gegensatz und in den wirtschaftlichen und sozialen Nord-Süd-Gegensatz. Alle Staaten, die die Charta der Vereinten Nationen anerkennen, können in die UNO aufgenommen werden, wenn die Generalversammlung zustimmt und der Sicherheitsrat kein Veto einlegt.

Die Voll- oder Generalversammlung tagt einmal im Jahr. Jedes Mitglied hat eine Stimme. Der Sicherheitsrat besteht aus den ständigen Mitgliedern Großbritannien, Frankreich, VR China, UdSSR und USA und seit 1966 aus zehn weiteren nichtständigen Mitgliedern, die alle zwei Jahre von der Vollversammlung gewählt werden. Die Mitglieder des Sicherheitsrates haben ein Vetorecht, wodurch Mehrheitsbeschlüsse unwirksam gemacht werden können.

Zahlreiche Unterorganisationen der UN arbeiten für die Sicherung des Weltfriedens durch Rüstungsbeschränkung, die wirtschaftliche und soziale Entwicklung der Völker, insbesondere in den Entwicklungsländern, für den Schutz der Menschen, für die Hebung des Lebensstandards und den Gewaltverzicht in der Welt.

Der Stimmenanteil der Industrieländer verringert sich immer mehr zugunsten der Entwicklungsländer. Daß jedes Mitglied nur eine Stimme besitzt, ist einerseits ein Problem, andererseits aber auch nur sehr schwer gerecht zu verändern.

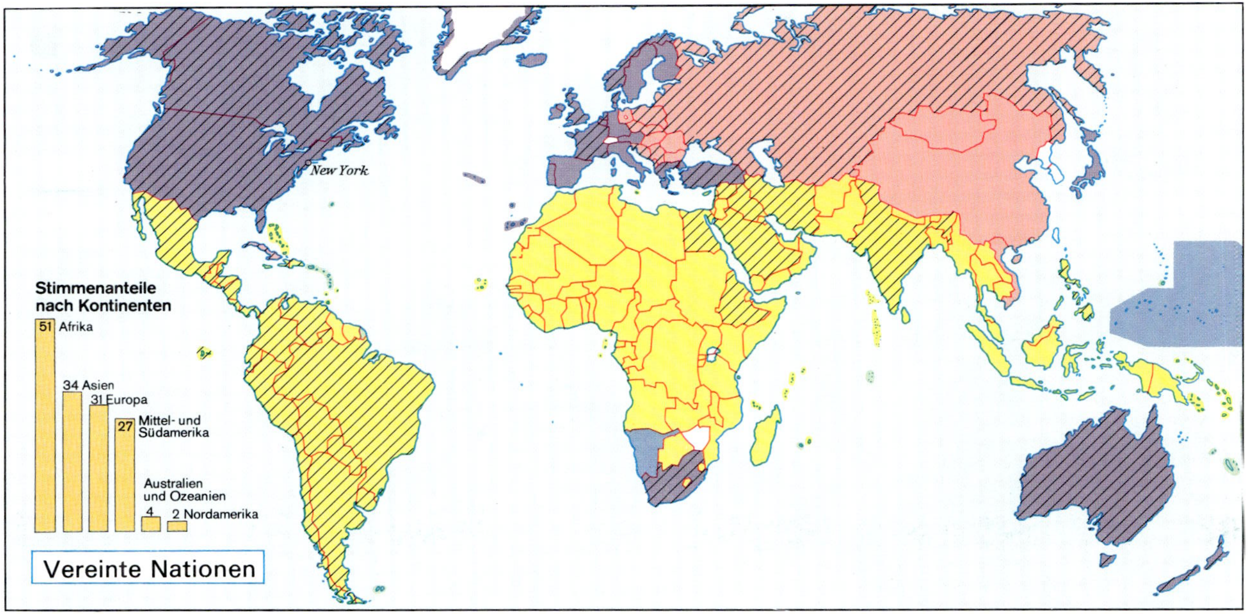

14. 8. 1941 Verkündung der Atlantik Charta

26. 6. 1945 Gründung der Vereinten Nationen (United Nations = UN) durch 51 Nationen

1977 (32. Vollversammlung) insgesamt 149 Staaten

Mitglieder der Vereinten Nationen

- westlich orientierte Industrieländer
- Entwicklungsländer
- sozialistische Länder
- Gründungs-mitglieder (1945)
- Treuhandgebiete
- Nichtmitglieder
- nicht selbständige Gebiete

Maßstab 1 : 120 000 000
Winkels Entwurf

o Millionenstädte
o sonstige Städte
Hauptstädte sind unterstrichen

Eisenbahnen
—— wichtige kontinentale Strecken

Abkürzungen

(Austr.)	= Australisch	(Ind.)	= Indisch	(Norw.)	= Norwegisch
(Bras.)	= Brasilianisch	(Neuseel.)	= Neuseeländisch	(Sp.)	= Spanisch
(Brit.)	= Britisch	(N.)	= Niederländisch	(USA)	= Vereinigte Staaten
(Franz.)	= Französisch	(Port.)	= Portugiesisch		

Text auf S. 172

Politische Übersicht

Karte auf S. 170/171

Eine Staatenkarte der Erde zeigt das bunte Bild von Territorien verschiedener Größe und unterschiedlicher Form. Jeder Staatsraum ist durch eine Grenze gegenüber anderen Staaten festgelegt. Innerhalb dieser Grenzen regeln Gesetze das Zusammenleben der Menschen, sie haben eine bestimmte Staatsangehörigkeit. Der Staatsraum wird somit zum eigentlichen Lebens- und Aktionsraum des Bürgers. In jedem Staat gilt auch eine eigene Landeswährung. Jede Regierung nimmt sich das Recht, einen Namen und eine Staatsflagge zu bestimmen.

Jeder Staat bestimmt auch eine Stadt zur Hauptstadt. Diese Städte haben besondere Aufgaben. Von hier aus wird das Land regiert. Die Hauptstadt ist deshalb das Machtzentrum im Staat, obwohl sie nicht in der Mitte des Staatsraumes liegen muß.

Deutschland liegt in der Mitte von Europa. Deshalb haben wir mit vielen anderen Staaten eine gemeinsame Grenze. Nur im Nordwesten und Norden hat Deutschland Zugang zum Meer. Deutschland ist heute ein geteiltes Land. Die Grenze zwischen der Bundesrepublik Deutschland und der DDR ist eine Demarkationslinie, das heißt eine vorläufige Grenzziehung. Sie wurde von der DDR-Regierung zu einem nur unter Einsatz des Lebens überwindbaren »Eisernen Vorhang« ausgebaut. Nur an bestimmten Übergängen darf diese Grenze mit einer Genehmigung durch die DDR-Regierung von den Deutschen beider Staaten überschritten werden.

Der kleine Erdteil Europa ist in 30 Staaten zersplittert. Damit ist Europa in genau so viele Staaten aufgeteilt wie das viermal größere Nord- und Südamerika zusammen. Deshalb verfügen die europäischen Staaten über einen vergleichsweise kleinen Staatsraum. Die Staaten Europas unterscheiden sich trotz vieler Gemeinsamkeiten unter anderem in der Sprache. Wir unterscheiden Mittel-, Nord-, West-, Süd-, Südost- und Osteuropa voneinander.

Die Fläche des Festlandes der Erde teilen sich zur Zeit rund 170 unabhängige Staaten. Nur wenige kleine Gebiete wie z. B. Guadelupe (franz.) oder Hongkong (brit.) sind noch in der Abhängigkeit ehemaliger Kolonialmächte verblieben. Französisch-Guayana ist mit 91 000 km^2 das größte abhängige Überseegebiet.

Zeitzonen

Karte auf S. 174/175

Die Erde dreht sich in 24 Stunden einmal um sich selbst, also um 360°. Pro Stunde dreht sie sich folglich um 15° von W nach O. Man kann die Erde demnach in 24 Zonen teilen, die sich jeweils durch eine Stunde Zeitunterschied von der benachbarten Zone unterscheiden. Diese 15° breiten Zonen sind die mathematischen Zeitzonen, wie man sie weithin über den Ozeanen eingetragen findet.

Auf dem Land jedoch nehmen die Zeitzonen einen sehr unregelmäßigen Verlauf, denn die Grenzen der einzelnen Zeitzonen werden bestimmt durch Verwaltungsgrenzen, in erster Linie durch den Verlauf von Staatsgrenzen. In manchen großflächigen Staaten gibt es mehrere Zonenzeiten, wie z. B. in den USA oder gar in der UdSSR, die elf Zeitzonen umfaßt. China dagegen, das an vier Zeitzonen Anteil hätte, richtet sich insgesamt nur nach der Peking-Zeit.

Der 180. Längengrad, der mitten durch den Pazifik verläuft, stellt die Datumsgrenze dar. Wer diese Linie des Datumwechsels von Westen nach Osten überschreitet, muß den betreffenden Tag zweimal zählen, wer die Linie von Osten nach Westen überschreitet, muß einen Tag überschlagen.

In den Zeiten globaler Wirtschaftsbeziehungen ist die Gliederung der Erde in Zeitzonen notwendig; die internationalen Verkehrsströme erfordern es, insbesondere auch der internationale Nachrichtenverkehr. Ihm dienen z. B. die Tiefseekabel, die großenteils unter den bedeutendsten Seeverkehrswegen verlaufen.

Um durch Funkwellen, die sich geradlinig ausbreiten, die Ozeane der Erde zu überbrücken, brauchte man eine Vielzahl von schwimmenden Relaisstationen oder gar Türme mit weit über 1000 km Höhe. Statt dessen »hängt« man heute die allein benötigte Spitze eines solchen babylonischen Turmes in der Gestalt eines Nachrichtensatelliten an den Himmel.

Die Bodenstationen stehen in ständiger Verbindung mit den quasistationären Satelliten, von denen wegen der überaus hohen Auslastung durch Ferngespräche und Fernsehsendungen über dem Atlantik sogar zwei eingerichtet worden sind.

Text auf S. 173

Nachrichtenübermittlung (INTELSAT-System, sonstige Satellitenempfangs- und Relaisstation)
● Bodenstation
● LANDSAT-Satellitenaufnahmestation
¤ Orbitalstation (quasistationärer Satellit)

Register

dtv-Perthes-Weltatlas

Großräume in Vergangenheit und Gegenwart
Ein Weltatlas in 14 Bänden
Von W. Hilgemann, G. Kettermann und M. Hergt

Inhalt: Lage des jeweiligen Großraumes. Bezeichnung und Abgrenzung. Landschaften und Flüsse. Relief. Klima. Vegetation. Landwirtschaft. Landgewinnung und Bewässerung. Bodenschätze. Industrie und Verkehr. Wirtschaft. Politische Verhältnisse. Geschichte. Sprachen und Völker. Religionen. Bevölkerung und Städte. Entwicklungsprobleme. Ernährung.

Band 1: Naher Osten
3112

Band 2: Indien
3113

Band 3: Südamerika
3114

Band 4: China
3115

Band 5: USA
3116

Band 6: Sowjetunion
3117

Band 7: Afrika
3118

Band 8: Mittelmeer
3119

Band 9: Mittelamerika
3120

Band 10: Südostasien
3121

Band 11: Australien
3122

Band 12: Europa
3123

Band 13: Japan
3211

Band 14: Weltmeere und Polargebiete
3212

dtv
Deutscher Taschenbuch Verlag und Justus Perthes Geographische Verlagsanstalt